全国水利干部培训系列教材

# 水利工程建设监管案例

水利部建设管理与质量安全中心　编著

中国水利水电出版社
www.waterpub.com.cn
·北京·

## 内 容 提 要

本书依据问题导向，结合近年来水利工程建设监管实践，汇编了水利工程建设领域常见问题和典型案例，深入分析原因，提出措施建议，为避免发生类似问题、防止质量安全事故发生提供经验及教训。本书分为上下两篇。上篇对水利工程建设过程的勘察设计、建设管理、计划管理、资金管理、质量管理、安全管理等六个重点环节进行典型案例分析。分析了问题发生的原因，提出避免此类问题再次发生的措施建议，力求让读者了解水利工程建设通常会出现什么问题，怎么防范、怎么纠治。下篇选取了近年来事故调查、举报调查等发现的水利工程建设多个环节出现问题导致较为严重后果的典型案例，从问题出发，分析根源，列明危害，引发读者思考共鸣。

本书可作为水利工程建设管理人员、施工管理人员，特别是项目法人、项目建设人员的培训教材和参考资料使用。


**图书在版编目（CIP）数据**

水利工程建设监管案例 / 水利部建设管理与质量安全中心编著. -- 北京 : 中国水利水电出版社, 2022.8
全国水利干部培训系列教材
ISBN 978-7-5226-0344-5

Ⅰ. ①水… Ⅱ. ①水… Ⅲ. ①水利工程－施工监督－案例－干部培训－教材 Ⅳ. ①TV512

中国版本图书馆CIP数据核字(2021)第276747号

| | |
|---|---|
| 书　　名 | 全国水利干部培训系列教材<br>**水利工程建设监管案例**<br>SHUILI GONGCHENG JIANSHE JIANGUAN ANLI |
| 作　　者 | 水利部建设管理与质量安全中心　编著 |
| 出版发行 | 中国水利水电出版社<br>（北京市海淀区玉渊潭南路 1 号 D 座　100038）<br>网址：www. waterpub. com. cn<br>E－mail：sales@mwr. gov. cn<br>电话：（010）68545888（营销中心） |
| 经　　售 | 北京科水图书销售有限公司<br>电话：（010）68545874、63202643<br>全国各地新华书店和相关出版物销售网点 |
| 排　　版 | 中国水利水电出版社微机排版中心 |
| 印　　刷 | 清淞永业（天津）印刷有限公司 |
| 规　　格 | 170mm×240mm　16 开本　15 印张　231 千字 |
| 版　　次 | 2022 年 8 月第 1 版　2022 年 8 月第 1 次印刷 |
| 印　　数 | 0001—5000 册 |
| 定　　价 | **68.00** 元 |

# 本书编委会

**主　　编**　储建军

**副 主 编**　刘湘宁　张忠生　黄　玮　李振海　于子忠

**编写人员**　杨廷伟　蔡　奇　张滇军　刘　燕　马艳红　张　璇　王　畅　方文杰　潘义为　李　阳　罗武先　庞晓岚　陈宪超　毕　生　黄晓丽　韩绪博　王　殊　李成业　黄　洁　鲍　军　骆　枫　李守通　张俊莲　覃桃慈　张振洲　孙武安　李增明　赵思暄　姚　迟　张　昕　王　凡　王相谦　夏志海　李玉强　王银山　林万青　傅夏冰　刘昌仁　周海燕　张苏杭　陈善治　杨佳栋　杨晓琳

# 前言

党的十八大以来，习近平总书记多次就治水发表重要讲话、作出重要指示批示，提出了“节水优先、空间均衡、系统治理、两手发力”的治水思路，为推动新阶段水利高质量发展指明了方向。2021年5月14日，习近平总书记在推进南水北调后续工程高质量发展座谈会上指出，“十四五”时期以全面提升水安全保障能力为目标，以优化水资源配置体系、完善流域防洪减灾体系为重点，统筹存量和增量，加强互联互通，加快构建国家水网主骨架和大动脉，为全面建设社会主义现代化国家提供有力的水安全保障。《中华人民共和国国民经济和社会发展第十四个五年规划和2035年远景目标纲要》明确要求实施国家水网骨干工程，推进重大引调水、防洪减灾等一批强基础、增功能、利长远的重大项目建设。水利部党组认真贯彻党中央、国务院决策部署，开展“三对标、一规划”专项行动，积极推动新阶段水利高质量发展，为全面建设社会主义现代化国家提供有力的水安全保障。

水利部决定组织编制一套水利干部培训教材，推动形成通专配套、形式多样、具有时代特色的水利干部学习培训教材体系，《水利工程建设监管案例》作为其中的一本教材应运而生。近年来，随着重大引调水、重点水源、大型灌区和江河湖泊治理骨干工程等重大水利工程建设持续推进，骨干水网加快形成，供水保障、防洪减灾能力显著提升，为经济社会发展提供了有力支撑。但是，随着水利工程建设规模的持续扩大，项目法人和参建单位人员能力水平不足、履职不到位等问题日益凸显，影响了工程效能的发挥。事业是人干出来的，新形势下亟待加强水利工程建设管理人才队伍建设，着力解决水利工程建设领域易发多发问题，提升水利行业建设管理水平，推动新阶段水利高质量发展。

编者总结近年来水利工程建设监管实践经验，系统梳理了水利工程建设领域典型问题，深入分析原因，提出措施建议，汇编形成水利工程建设监管案例，作为各级水行政主管部门、项目法人及其他参建单位的培训教材和参考资料使用。其中，上篇共有六章，包括勘察设计、建设管理、计划管理、资金管理、质量管理、安全管理等六个重点环节的典型案例。每个典型案例包括基本情况、主要问题、相关的法规依据和具体条文。分别从工程参建单位和水行政主管部门的角度，分析了问题发生的原因，提出避免此类问题再次发生的措施建议，力求让读者了解水利工程建设通常会出现什么问题，怎么防范、怎么处理这些问题。下篇为综合案例，主要选取了近年来事故调查、举报调查等发现的多个环节出现问题导致较为严重后果的部分典型案例，每个案例提供相关启示，引发读者思考共鸣。本教材的出版发行，对加强水利工程建设管理人才队伍建设，解决水利工程建设领域易发多发问题，提升水利行业建设管理水平具有积极意义。

在本书编写过程中，得到水利部水利工程建设司、监督司，湖北省水利厅、河北省水利厅、浙江水利水电学院等单位的大力支持和帮助，在此表示诚挚的感谢。

限于编者认知和水平，书中难免存在疏漏不妥之处，敬请读者批评指正，以便再版时修改完善。

**编者**

2022年6月

# 目录

## 下篇　综合案例

# 上 篇

## 水利工程建设各环节典型问题案例

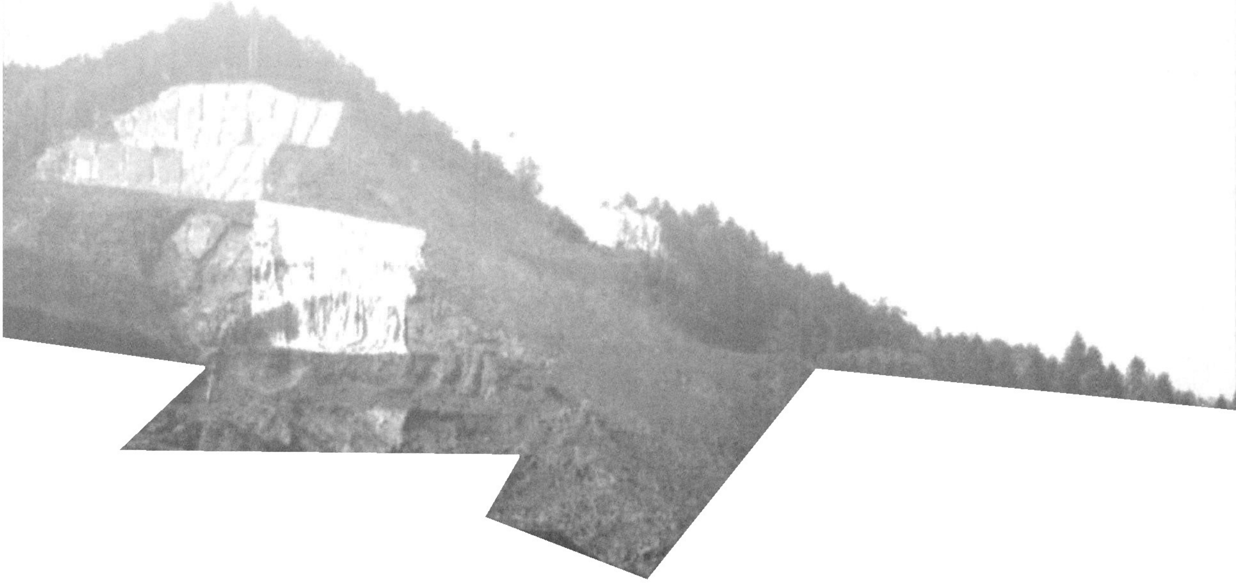

# 第一章　勘　察　设　计

为保证工程建设的顺利实施，国家颁布了多项法规，对工程建设程序和参建各方、各阶段责任义务等做出规定。其中，《建设工程质量管理条例》规定，从事建设工程活动，必须严格执行基本建设程序，坚持先勘察、后设计、再施工的原则，明确了勘察设计是工程施工的前置条件。《建设工程勘察设计管理条例》和《建设工程勘察质量管理办法》对勘察、设计工作做出具体规定。水利部制定了多项部门规章、行业规程规范，对水利工程勘察设计工作提出了明确要求，做出了具体规定。这些法规和技术标准的出台，对规范水利工程勘察设计活动，保证勘察设计质量安全发挥了重要的作用。

在监督检查中发现，勘察设计方面的问题主要涉及勘察和设计单位资质、勘察成果质量、设计成果质量、设计变更、现场服务五类。本章着重从这五个方面挑选典型案例，进行原因分析，并提出措施建议。

## 第一节　勘察、设计单位资质

《建设工程勘察设计管理条例》规定国家对从事建设工程勘察、设计活动的单位，实行资质管理制度。建设工程勘察、设计单位应当在其资质等级许可的范围内承揽业务，禁止勘察、设计单位超越其资质等级许可的范围承揽工程。《工程设计资质标准》对各类设计资质标准和承担业务范围进行了规定。

在监督检查中发现，勘察、设计单位资质方面存在的主要问题有：勘察、设计单位超越其资质等级或不具备相应资质承担勘察、设计业务，借用资质承揽业务等，由此导致勘察、设计成果质量得不到保证，甚至造成工程质量安全隐患。

## 一、典型案例

**【案例1】**

### 勘察单位超越资质等级承揽业务

中南地区某新建中型水库工程以供水、灌溉为主，主要建筑物有大坝、溢洪洞、输水隧洞等，工程等别为Ⅲ等，主要建筑物级别为3级，总库容0.94亿$m^3$。工程2015年9月开工。

检查中发现，该工程勘察单位的工程勘察专业资质为岩土工程勘察丙级，承担了水库工程（Ⅲ等）的岩土工程勘察、右岸坝前B1崩塌堆积体稳定分析和处理方案设计，不符合《工程勘察资质标准》（建市〔2013〕9号）附件3的规定。其中“承担水库的岩土工程勘察”属于超越资质等级承揽业务，“右岸坝前B1崩塌堆积体稳定分析和处理方案设计”属于不具备资质等级承揽业务。

**【法规标准依据】**

《工程勘察资质标准》（建市〔2013〕9号）

附件3　岩土工程勘察　岩土工程设计要求（略）

**【案例2】**

### 设计单位借用资质承揽业务

中南地区某中型水库，具有灌溉、发电、防汛、养殖等综合效益，主要建筑物有细石混凝土砌块石双曲拱坝，灌溉、发电隧洞、压力钢管等。工程等别为Ⅲ等，主要建筑物级别为3级，总库容0.31亿$m^3$。工程于1998年5月建成，2015年对主坝进行除险加固。

检查中发现，项目法人与设计单位甲（具有水利工程设计行业乙级资质）签订初步设计及施工图设计合同，并向其支付设计费。但提交的设计成果加盖的是乙单位（具有水利工程设计行业丙级资质）勘察设计图章，实际上是乙单位承担工程设计。不符合《建设工程勘察设计管理条例》第八条规定。

此外，设计成果还存在以下问题：①初设审查和审批意见落实不到位，如未提出大坝体型控制参数和灌浆技术要求；②部分加固处理措施设计深度不够，如未提出大坝裂缝处理措施、新老坝体结合面处理要求；③未明确大坝安全监测设施布置。

**【法规标准依据】**

《建设工程勘察设计管理条例》（2000 年国务院令第 293 号发布，2015 年国务院令第 662 号、2017 年国务院令第 687 号修改）

第八条　建设工程勘察、设计单位应当在其资质等级许可的范围内承揽建设工程勘察、设计业务。禁止建设工程勘察、设计单位超越其资质等级许可的范围或者以其他建设工程勘察、设计单位的名义承揽建设工程勘察、设计业务。禁止建设工程勘察、设计单位允许其他单位或者个人以本单位的名义承揽建设工程勘察、设计业务。

## 二、原因分析

1. 某些勘察、设计单位为追求经济利益不惜违法经营。案例 2 中设计单位甲出借资质，设计单位乙借用资质，提交成果质量不满足技术标准等要求，导致工程存在工程质量安全隐患。

检查中还发现其他相关问题，如：有的设计单位虽然设计资质满足要求，但技术力量不足，专业配置不完整，承揽的设计业务明显超出本单位能力范围；有的设计单位承接设计任务后，交由分院、分公司承担具体工作，但分院、分公司专业技术力量薄弱，设计质量不高等。

2. 项目法人对有关资质规定不了解或不重视，未及时发现勘察、设计单位资质不满足要求，或明知资质不满足要求仍委托其承担勘察、设计工作。

## 三、措施建议

1. 勘察、设计单位应当提高法律意识，严格依法依规承担勘察、设计业务，杜绝超越资质或挂靠借用资质承揽业务等行为。

2. 项目法人应当按照国家法律法规规定和资质标准要求选择勘察、设计单位，一旦发现对方资质方面存在问题，应当采取有力措施，坚决予以纠正，依法依规妥善处理。

3. 地方水行政主管部门应当加强对勘察、设计单位的监督管理，严格勘察、设计单位资质管理，对违法违规行为加大处罚力度，有效维护勘察、设计市场秩序。

## 第二节　勘察成果质量

通过勘察，可以揭示工程范围内水文、地质等情况，确定岩土体的物理力学性质并做出客观评价，为设计工作提供必要的支撑。《建设工程勘察设计管理条例》规定，编制建设工程勘察文件，应当真实、准确，满足建设工程规划、选址、设计、岩土治理和施工的需要。《建设工程勘察质量管理办法》规定工程勘察单位应当按照有关建设工程质量的法律、法规、工程建设强制性标准和勘察合同进行勘察工作，并对勘察质量负责。勘察文件应当符合国家规定的勘察深度要求，必须真实、准确，同时对质量责任义务和监督管理做出规定。《水利水电工程地质勘察规范》《中小型水利水电工程地质勘察规范》等对规划、可行性研究、初步设计、招标、施工图设计阶段和病险水库除险加固工程地质勘察工作做出具体规定。

在监督检查中发现，勘察成果质量方面存在的主要问题有：勘察工作不满足现行规范要求、勘察成果与实际揭露存在较大出入和勘察测量成果深度不够等，直接影响了后续设计成果质量。

### 一、典型案例

**【案例1】**

**勘察工作不满足现行规范要求**

西南地区某新建重大水利工程，主要由水源工程、供水工程和灌区骨干输水工程组成，是一座以灌溉、供水为主，兼顾发电的大（1）型水利枢纽工程。水源工程主要建筑物有混凝土面板堆石坝、溢洪道、泄洪洞、放空洞、坝后电站取水口、灌溉取水口等。供水工程主要包括取水隧洞、提水泵站、压力管道、输水隧洞、输水管道等，线路总长27.60km，设计流量6.00$m^3$/s。灌区骨干输水工程主要包括总干渠、干渠、分干渠、支渠以及灌区骨干泵站等，渠道总长648.19km，设计流量34.00$m^3$/s。工程于2015年9月开工。

检查中发现，引水隧洞洞线区存在不良地质问题，初步设计阶段，勘察单位未能查明不良地质地段工程性状。2016年9月，隧洞开挖至桩号3+305处掌子面时左侧拱顶发生约7000$m^3$突泥，导致主洞淹没76.00m，支洞淹没56.00m，部分施工设备被掩埋。不符合GB 50487—2008《水利水电工程地质勘察规范》第6.9.1条的规定。

**【法规标准依据】**

GB 50487—2008《水利水电工程地质勘察规范》

6.9.1　隧洞勘察应包括下列内容：

4　查明隧洞沿线的地下水位、水温和水化学成分，特别要查明涌水量丰富的含水层、汇水构造、强透水带以及与地表溪沟连通的断层、破碎带、节理裂隙密集带和喀斯特通道，预测掘进时突水（泥）的可能性，估算最大涌水量，提出处理建议。提出外水压力折减系数。

**【案例2】**

## 勘察成果与实际揭露存在较大出入

工程基本情况同案例1。

对上述新建重大水利工程检查中发现，引水隧洞主洞段，勘察文件显示Ⅲ、Ⅳ、Ⅴ类围岩占比分别约为70%、20%、10%，施工实际开挖后揭露围岩类别占比分别约为2%、3%、95%，勘察成果与实际差异过大，导致工程投资大幅增加。勘察单位未按规范要求查明上述隧洞沿线的主要地质特性，不符合GB 50487—2008《水利水电工程地质勘察规范》第6.9.1条的规定。

引水隧洞（桩号0＋810.00～1＋109.00）及某施工支洞开挖后发现涌水量较大，进行分析评价显示该洞段存在涌水量丰富的含水层，日涌水量估算值约3298$m^3$/d，但勘察单位未在初步设计阶段查明该隧洞沿线含水层等主要地质特性并估算涌水量，不符合GB 50487—2008《水利水电工程地质勘察规范》第6.9.1条的规定。

**【法规标准依据】**

GB 50487—2008《水利水电工程地质勘察规范》

6.9.1　隧洞勘察应包括下列内容：

1　查明隧洞沿线的地形地貌条件和物理地质现象、过沟地段、傍山浅埋段和进出口边坡的稳定条件。

2　查明隧洞沿线的地层岩性，特别是松散、软弱、膨胀、易溶和喀斯特化岩层的分布。

3　查明隧洞沿线岩层产状、主要断层、破碎带和节理裂隙密集带的位置、规模、性状及其组合关系。隧洞穿过活断层时应进行专门研究。

4　查明隧洞沿线的地下水位、水温和水化学成分，特别要查明涌水量丰富的含水层、汇水构造、强透水带以及与地表溪沟连通的断层、破碎带、节理裂隙密集带和喀斯特通道，预测掘进时突水（泥）的可能性，估算最大涌水量，提出处理建议。提出外水压力折减系数。

5　可溶岩区应查明隧洞沿线的喀斯特发育规律、主要洞穴的发育层位、规模、充填情况和富水性。洞线穿越大的喀斯特水系统或喀斯特洼地时应进行专门研究。

**【案例3】**

## 边坡地质条件勘察深度不够，勘察成果缺少必要的地质信息

西北地区某新建大型跨流域调水工程，由两座水利枢纽和输水隧洞三部分组成，为Ⅰ等大（1）型工程。工程于2015年12月开工。

检查中发现，其中某水利枢纽初步设计阶段左岸边坡工程勘探钻孔

深度未穿过可能的滑移面；边坡地质条件勘察成果缺少结构面性状、分布及其组合，未提出可能的剪出口的位置。大坝左岸坝肩边坡自 2015 年底开挖，2016 年 7 月 19 日发生边坡滑塌，导致项目工期延后，增加投资约 1.8 亿元。不符合 GB 50487—2008《水利水电工程地质勘察规范》第 6.12.2 条、SL 386—2007《水利水电工程边坡设计规范》第 4.2.1 条的规定。

**【法规标准依据】**

GB 50487—2008《水利水电工程地质勘察规范》

6.12.2　边坡工程的勘察方法应符合下列规定：

……

4　边坡工程勘探应符合下列规定：

3）钻孔深度应穿过可能的滑移面、变形岩体等。进入稳定岩体不小于 10m。

SL 386—2007《水利水电工程边坡设计规范》

4.2.1　水利水电工程边坡的地质条件至少应包含下列地质信息：

1　边坡类型。

2　边坡的形状、规模地形地貌和岩土体的性质。

3　结构面性状、分布及其组合。

4　边坡水文地质条件及其动态特征变化规律。

5　边坡当前的稳定状态。

6　边坡的可能失稳模式。

7　可能的剪出口的位置。

**【案例 4】**

## 前期测量工作深度不够，地形测量资料不满足要求

中南地区某防洪工程整治河岸 2.98km，圩堤保护范围约 1.8km$^2$，保护人口 2.5 万人。工程主要建设内容为：整治河道长 2.98km，其中：河道疏浚 1.47km，新建土堤 2.73km，护岸固岸 1.5km，并增设排水箱

涵1座。工程于2016年10月开工。

检查中发现，堤段（桩号1+210～1+450、2+600～2+980）的河底实际高程低于施工图设计高程最大约2.1m，且图纸未标注河床抛石底部高程，无法核定设计抛石工程量，地形测量资料不满足施工要求。不符合GB 50286—2013《堤防工程设计规范》第4.3.1条和第4.3.2条的规定。

**【法规标准依据】**

GB 50286—2013《堤防工程设计规范》

4.3.1 堤防工程不同设计阶段的地形测量资料应符合表4.3.1（略）的规定。

4.3.2 新建堤防工程应提供堤中心线纵断面图；加固、扩建堤防工程应同时提供堤顶及临水、背水堤脚线纵断面图。

## 二、原因分析

1. 勘察单位质量保证体系落实不到位。勘察人员对规程规范不熟悉、专业能力不足，校审人员经验欠缺、对重点问题和关键环节把关不严。

2. 勘察任务时间紧、周期短；勘察单位片面追求经济利益，人力、物力投入不足。

## 三、措施建议

1. 勘察单位应当认真落实质量保证体系，强化人员培训，提高业务能力，提升责任意识，严格按照规程规范要求进行勘察，确保成果质量。

2. 项目法人应当重视勘察工作，合理确定勘察周期和费用标准，加强对勘察单位的履约管理，督促其按照规范要求开展各项工作。

3. 地方水行政主管部门应当加强对勘察单位的监督管理，对未按规范开展勘察、出具虚假勘察报告的，依法依规严肃问责处理，督促勘察单位认真履职。

# 第三节　设计成果质量

科学、完整的设计成果是工程建设顺利实施的必要依据和保证。《建设工程质量管理条例》明确了勘察设计单位的质量责任和义务，规定设计单位必须按照工程建设强制性标准进行设计，并对其设计质量负责。《建设工程勘察设计管理条例》对设计文件的编制和实施做出规定，要求编制建设工程设计文件应当以项目批准文件、规划、工程建设强制性标准和国家规定的建设工程设计深度要求等为依据。国家和水利行业出台了一系列规程、规范，对可行性研究报告与初步设计报告编制，各单项工程（如大坝、溢洪道、隧洞、堤防、水闸、泵站、灌排工程等）设计内容、方法、步骤、深度等做出明确规定。

在监督检查中发现，设计成果质量方面存在的主要问题有：未落实初步设计审查意见；设计缺漏项；设计计算工况不全；相关指标不满足规范要求等。

## 一、典型案例

**【案例1】**

### 初步设计审查意见未落实

1. 西南地区某重大水利工程，主要由水源工程、供水工程和灌区骨干输水工程组成，是一座以灌溉、供水为主，兼顾发电的大（1）型水利枢纽工程。水源工程主要建筑物有混凝土面板堆石坝、溢洪道、泄洪洞、放空洞、坝后电站取水口、灌溉取水口等。供水工程主要包括取水隧洞、提水泵站、压力管道、输水隧洞、输水管道等，线路总长27.60km，设计流量6.00$m^3/s$。灌区骨干输水工程主要包括总干渠、干渠、分干渠、支渠以及灌区骨干泵站等，渠道总长648.19km，设计流量34.00$m^3/s$。工程于2015年9月开工。

检查中发现，初步设计审查要求设计单位就30余项主要工作进行优化和完善，设计单位未按要求全部落实，如“下阶段对布置在软基上的取水供水口穿坝箱涵进行充分的技术论证”“下阶段应结合水工模型试验，验证并优化控制段、泄槽和消能设施体型设计”“下阶段应结合水工模型试验研究，复核出口挑流消能段体型设计；研究灌浆加固围岩形成承载圈的防渗效果，优化隧洞分段衬砌”等。

现场检查发现，取水供水口穿坝箱涵施工已完成，5节箱涵均出现8～24cm的沉降，第2节箱涵中部出现2条2～3mm的环形贯穿性裂缝，第2节和第3节箱涵结构缝处错台达3cm。

以上不符合《水利工程质量管理规定》（水利部令第7号，2017年第49号修改）第二十六条和SL 274—2001《碾压式土石坝设计规范》第3.2.6条的规定（此标准已被SL 274—2020《碾压式土石坝设计规范》替代，2020年11月30日发布，2021年2月28日实施。相关规定为第7.2.8条和第7.2.9条规定）。

**【法规标准依据】**

《水利工程质量管理规定》（1997年水利部令第7号发布，2017年水利部令第49号修改）

第二十六条　设计文件必须符合下列基本要求：

……

（三）设计文件的深度应满足相应设计阶段有关规定要求，设计质量必须满足工程质量、安全需要并符合设计规范的要求。

SL 274—2001《碾压式土石坝设计规范》

3.2.6　……低坝采用软基上埋管时，必须进行技术论证。

现行标准：SL 274—2020《碾压式土石坝设计规范》

7.2.8　非岩基上的坝下埋管应符合下列规定：

1　应采用埋管内铺设管道输水的形式。

2　埋管地基应进行加固处理。

3　土质防渗体与坝下埋管接触处，宜扩大防渗体断面并加厚下游反滤层。

7.2.9　坝下埋管分段分缝应根据地形、地质条件和与坝体连接部位的坝体分区，经工程类比和计算分析确定，分缝应做好止水和反滤。

2. 华南地区某大型灌区续建配套与节水改造工程，设计灌溉面积69.41万亩，包含12个子灌区及2个灌片，共18个子项目，属大（2）型灌区。按18个子项目分别进行初步设计。其中某一子项目主要建设内容为：改造2条渠道，总长21.66km，其中总干渠10.39km、分干渠11.27km；重建、新建各类渠系建筑物5座。工程于2018年12月30日开工。

该工程初步设计报告审查意见中提出，“补充各渠道沿线现有排污现状调查，结合当地排污管道布置，复核、完善渠道清污分流设计”。检查中发现，分干渠桩号DFFG9＋680～10＋378段渠道穿越乡村居民区，市政排污体系尚未完善，致使工业废水及生活污水排放到渠道。设计单位未落实初步设计审查意见，未开展各渠道沿线排污现状调查及渠道清污分流设计。不符合《水利工程质量管理规定》第二十六条的规定。

**【法规标准依据】**

《水利工程质量管理规定》（1997年水利部令第7号发布，2017年水利部令第49号修改）

第二十六条　设计文件必须符合下列基本要求：

……

（三）设计文件的深度应满足相应设计阶段有关规定要求，设计质量必须满足工程质量、安全需要并符合设计规范的要求。

**【案例2】**

## 初步设计缺项漏项

中南地区某中型水库工程等别为Ⅲ等，主要建筑物级别为3级，总库容0.22亿$m^3$，为新建水源工程。主坝为混凝土重力坝，最大坝高46.20m。工程于2020年开工。

检查中发现，根据地质勘察资料，大坝右岸岩体为顺坡向岩层，岩石软硬相间，边坡容易产生滑动破坏。初步设计报告中，设计单位未对边坡进行抗滑稳定计算，未提出在施工阶段需要采取的保护措施和最终防护方案，现场检查时，右岸边坡已发生局部坍塌破坏。不符合 SL 386—2007《水利水电工程边坡设计规范》第 5.2.2 条的规定。

**【法规标准依据】**

SL 386—2007《水利水电工程边坡设计规范》

5.2.2　对可能发生滑动破坏的边坡，应按照本节的规定进行抗滑稳定计算……

**【案例 3】**

## 设计计算工况不全

1. 西南地区某重大水利工程，为Ⅰ等大（1）型工程，由水源工程和输水工程组成。水源工程主要建筑物为抽水泵站，设计抽水流量 135m³/s，最大提水净扬程 219.16m，共安装 12 台离心式水泵机组。输水工程总长 664.24km，主要建筑物为隧洞和渠系建筑物，分为某地区Ⅰ、Ⅱ段等共 6 段组成。Ⅰ、Ⅱ段所在区域地震基本烈度为Ⅷ度（地震加速度 0.2$g$）。工程于 2018 年 10 月开工。

检查中发现，Ⅰ段隧洞出口（桩号 62+595.93）边坡（1 级）最大坡高 42m，边坡抗滑稳定计算仅考虑正常运用条件，缺少非常运用条件Ⅰ、非常运用条件Ⅱ工况；Ⅱ段隧洞进口（桩号 25+801.35）、出口（桩号 55+220.94）边坡（1 级）最大坡高 34m、63m，边坡抗滑稳定计算仅考虑非常运用条件Ⅰ，缺少正常运用条件、非常运用条件Ⅱ工况。由于边坡设计计算工况不全，无法确定不利条件下边坡稳定情况，工程运行存在安全隐患。不符合 SL 386—2007《水利水电工程边坡设计规范》第 3.3.2 条、第 3.3.3 条、第 3.3.4 条的规定。

**【法规标准依据】**

SL 386—2007《水利水电工程边坡设计规范》

3.3.2　正常运用条件应包括以下工况：

1　临水边坡应符合以下规定：

1）水库水位处于正常蓄水位和设计洪水位与死水位之间的各种水位及其经常性降落；

2）除宣泄校核洪水以外各种情况下的水库下游水位及其经常性降落；

3）水道边坡的正常高水位与最低水位之间的各种水位及其经常性降落。

2 不临水边坡工程投入运用后经常发生或持续时间长的情况。

3.3.3 非常运用条件Ⅰ应包括以下工况：

1 施工期。

2 临水边坡的水位非常降落。

3 校核洪水位及其水位降落。

4 由于降雨、泄水雨雾和其他原因引起的边坡体饱和及相应的地下水位变化。

5 正常运用条件下，边坡体排水失效。

3.3.4 非常运用条件Ⅱ应为正常运用条件下遭遇地震。

2. 西北地区某河流干流骨干调蓄重大水利工程，为Ⅱ等大（2）型工程，水库总库容 4.03 亿 $m^3$。主要建设内容为碾压混凝土重力坝、泄水建筑物、引水发电建筑物、下泄生态基流建筑物、边坡处理工程、交通工程、安全监测设施等。工程于 2016 年 4 月开工。

检查中发现，碾压混凝土重力坝最大坝高 123.00m，地震基本烈度为Ⅷ度，相应地震水平动峰值加速度为 190gal。施工图纸中坝内高程 2515.00～2540.00m 顺坝轴线布置了 4 条廊道、高程 2515.00m 垂直于坝轴线布置了 2 条廊道、高程 2587.00m 顺坝轴线布置了 1 条廊道，廊道断面宽 3.00m、高 3.50m；3 号坝段高程 2515.00m 至坝顶布置 2.50m×4.10m 楼梯井及 2.00m×2.50m 电梯井各 1 个，高程 2540.00m 至坝顶布置 2.50m×2.00m 吊物孔 1 个；5 号坝段高程 2548.00m 布置 5.00m×6.00m 泄洪底孔 1 个，高程 2570.00m 埋设 1 根直径 2.00m 电站引水管；6 号坝段高程 2570.00m 埋设 2 根直径 3.00m 电站引水管。设计单位未对上述廊道、楼梯井、电梯井、吊物孔、泄洪底孔及电站引水口等坝体断面削弱部位进行局部应力计算。不符合 SL 319—2018《混凝土重力坝设计规范》第6.3.1条的规定。

**【法规标准依据】**

SL 319—2018《混凝土重力坝设计规范》

6.3.1　应力计算可根据工程规模和坝体结构情况，计算下列内容的部分、全部，或另加其他内容：

2　计算坝体削弱部位（如孔洞、泄水管道、电站引水管道部位等）的局部应力。

**【案例4】**

## 安全监测（点）设施布设不满足规范要求

1. 中南地区某重大水利工程，为Ⅱ等大（2）型工程，主要建筑物为大坝、泄水闸、船闸、鱼道和电站厂房等。主要建筑物级别泄水闸为1级，其余为2级。工程于2018年8月开工。

检查中发现，该工程24孔1级泄水闸安全设计中，闸基扬压力监测断面仅有5个，不满足不少于闸孔数量1/3的要求；土石坝与泄水闸结合部位未设计界面位移监测点。不符合SL 725—2016《水利水电工程安全监测设计规范》第10.3.1条和第5.2.9条的规定。

**【法规标准依据】**

SL 725—2016《水利水电工程安全监测设计规范》

10.3.1　水闸基底渗透压力监测断面应根据地质条件、水闸结构型式、闸基轮廓线形状等因素确定。对于1级～3级水闸，监测断面不少于闸孔数的1/3，并不少于2个。

5.2.9　界面位移监测应符合下列规定：

1　界面位移监测点宜布置在不同坝料交界、土石坝与混凝土建筑物结合部位、坝体与陡峻岸坡连接处等部位。

2　在坝体防渗心墙的上、下游侧，宜设置心墙与过渡料接触面的剪切和法向位移监测点，监测断面应与坝体内部变形监测断面一致。

2. 西北地区某扶贫灌溉工程，由水库、2条分干渠、18条支渠、7条干斗渠以及田间配套工程组成。水库大坝为壤土心墙堆石坝，总库容789.5万 $m^3$，渠道总长317.64km，各类渠系建筑物1850座，其中隧洞64座、倒虹吸24座、渡槽78座、其他各类渠系建筑物1684座。工程于2017年6月开工。

检查中发现，某分干1号倒虹吸共有43个镇墩，其中1号、4号、7号、8号、10号、13号和40号镇墩最大、最小应力之比分别为11.3、3.91、3.27、3.59、7.04、3.87、10.21，均不满足规范基底应力最大值与最小值之比不大于2的要求。不符合GB 50288—2018《灌溉与排水工程设计标准》第10.4.10条的规定。

**【法规标准依据】**

GB 50288—2018《灌溉与排水工程设计标准》

10.4.10　镇墩结构设计应符合下列规定：

……

2　镇墩基础底面上不应产生拉应力，土基上的基底最大压应力应小于地基允许承载力，且基底最大压应力与最小压应力之比不宜大于2.0。

## 二、原因分析

1. 项目法人对审查意见重视程度不够，对设计单位缺少督促；项目审批单位对审查意见落实情况缺乏有效监管。

2. 设计单位质量保证体系落实不到位。设计人员对规程规范不熟悉、专业能力不足，校审人员经验欠缺、对重点问题和关键环节把关不严。

3. 设计任务紧、周期短；设计单位片面追求经济利益，人力、物力投入不足。

4. 施工图审查单位专业水平良莠不齐，不能及时发现施工图设计存在的质量问题。另外，有些单位责任意识不强，为了承揽业务，迎合个别项目法人的不合理要求，不惜降低质量要求、简化质量审查程序，导致审查质量不高。

## 三、措施建议

1. 项目法人应当关注设计各阶段审查意见落实情况，特别对初步设计的审查意见落实情况给予重点关注。应当合理确定设计周期和费用，在设计单位选择上，不仅要考虑具备相应资质，还要考虑是否配备较强的专业技术力量，可在合同中约定设计成果质量的标准、要求，加强对设计单位的履约管理，督促其按照规程规范要求开展设计工作。

2. 设计单位应当认真落实质量保证体系，强化人员培训，提高业务能力，提升责任意识，严格按照规程规范开展设计，重视审查意见，抓好相关问题论证补充，确保设计成果质量。

3. 审查单位应当严把关口，坚持高标准、严要求，提高项目审查质量，对于不满足规程规范要求的设计成果不予通过。审查意见应少留尾巴，增强针对性和可操作性。

4. 地方水行政主管部门应当加强对设计质量的监督管理，对存在重大设计质量问题的责任单位和责任人依法依规进行问责处理，对审查意见未落实或落实不到位而导致重大质量问题、工程质量安全事故的，要加重处罚，切实督促设计单位履职。

# 第四节　设　计　变　更

水利工程建设周期长，涉及范围广，技术复杂，不确定因素较多，实施阶段对原设计进行调整、优化是必要的。《水利工程设计变更管理暂行办法》规定工程设计变更审批采用分级管理制度。重大设计变更文件，由项目法人按原报审程序报原初步设计审批部门审批。报水利部审批的重大设计变更，应附原初步设计文件报送单位的意见。一般设计变更文件由项目法人组织有关参建方研究确认后实施变更，并报项目主管部门核备，项目主管部门认为必要时可组织审批。设计变更文件审查批准后，由项目法人负责组织实施。

在监督检查中发现，设计变更方面存在的主要问题有：设计变更文件编制不符合要求，未履行设计变更审批程序和设计变更比较随意，变更数量过多等。

## 一、典型案例

**【案例 1】**

### 重大设计变更未编制设计变更文件，未履行审批程序

西南地区某新建水源工程于2020年初开工建设，水库总库容0.17亿$m^3$。水库大坝为细石混凝土砌石双曲拱坝，最大坝高61m。经勘探，勘察设计单位在坝址下游5km处选取了一座山体作为石料主料场。项目开工后，当地环保部门因环保要求不允许料场开采，最终确定大坝所需块石、骨料等主要建筑材料全部外购。

由于取消主料场，工程所需块石、骨料等主要建筑材料全部外购，由此引起工程投资大幅增加、工期延长等重大变化，属于重大设计变更，但设计单位未编制设计变更文件，项目法人未按要求履行重大设计变更手续，不符合《水利工程设计变更管理暂行办法》（水规计〔2012〕93号）第十四条和第十五条的规定［此项法规已于2020年12月废止，最新法规要求：《水利工程设计变更管理暂行办法》（水规计〔2020〕283号）第十四条和第十六条］。

**【法规标准依据】**

《水利工程设计变更管理暂行办法》（水规计〔2012〕93号）

第十四条　重大设计变更文件编制的设计深度应当满足初步设计阶段的技术标准的要求，有条件的可按施工图设计阶段的设计深度进行编制，主要内容应包括……

第十五条　工程设计变更审批采取分级管理制度。重大设计变更文件，由项目法人按原报审程序报原初步设计审批部门审批……

现行法规：《水利工程设计变更管理暂行办法》（水规计〔2020〕283号）

第十四条　重大设计变更文件编制应当满足初步设计阶段的设计深度要求，有条件的可按施工图设计阶段的设计深度进行编制。设计变更报告内容及附件要求如下：……

第十六条　工程设计变更审批采用分级管理制度。重大设计变更文件，由项目法人按原报审程序报原初步设计审批部门审批。报水利部审批的重大设计变更，应附原初步设计文件报送单位的意见。

**【案例2】**

## 导流隧洞设计变更文件编制深度不满足要求

华中地区某重大水利工程，为Ⅱ等大（2）型工程，以防洪为主，结合供水，兼顾发电、灌溉等综合利用，总库容1.67亿$m^3$。主要建筑物为拦河重力坝及溢流坝、坝后式电站及生态放水电站、鱼道、生态放水涵闸等。工程于2019年10月开工。

该工程导流隧洞为4级临时建筑物，原设计洞长230m。检查中发现，项目实施时，因涉及新划定的生态保护区范围，对导流隧洞进出口位置及洞线进行了调整，调整后洞线整体北移约50m，进口位于原进口下游约30m，出口位于原出口上游约100m，洞长增加至339m，洞身增设转弯段长度70.6m。经查，设计变更文件中缺少因导流隧洞洞线延长、增加弯道对工程规模、工程安全、工期等相关影响分析的内容，不符合《水利工程设计变更管理暂行办法》（水规计〔2012〕93号）第十四条规定［此项法规已于2020年12月废止，最新法规要求：《水利工程设计变更管理暂行办法》（水规计〔2020〕283号）第十四条和第十五条］。

**【法规标准依据】**

《水利工程设计变更管理暂行办法》（水规计〔2012〕93号）

第十四条　重大设计变更文件编制的设计深度应当满足初步设计阶段的技术标准的要求，有条件的可按施工图设计阶段的设计深度进行编制，主要内容应包括：

（一）工程概况，设计变更发生的缘由，设计变更的依据，设计变更的项目和内容，设计变更方案及技术经济比较，设计变更对工程规模、工程安全、工期、生态环境、工程投资和效益等方面的影响分析，与设计变更相关的基础及试验资料，项目原批复文件。

（二）设计变更的勘察设计图纸及原设计相应图纸。

（三）工程量、投资变化对照清单和分项概算文件。一般设计变更文件的编制内容，项目法人可参照以上内容研究确定。

现行法规：《水利工程设计变更管理暂行办法》（水规计〔2020〕283 号）

第十四条　重大设计变更文件编制应当满足初步设计阶段的设计深度要求，有条件的可按施工图设计阶段的设计深度进行编制。设计变更报告内容及附件要求如下：

（一）设计变更报告主要内容：

1. 工程概况

2. 设计变更的缘由、依据

3. 设计变更的项目和内容

4. 设计变更方案比选及设计

5. 设计变更对工程任务和规模、工程安全、工期、生态环境、工程投资、效益和运行等方面的影响分析

6. 变更方案工程量、投资以及与原初步设计方案变化对比

7. 结论与建议

（二）设计变更报告附件

1. 项目原初步设计批复文件

2. 设计变更方案勘察设计图纸、原设计方案相应图纸

3. 设计变更相关的试验资料、专题研究报告等

第十五条　一般设计变更文件的编制内容，可根据工程具体情况适当简化。

**【案例 3】**

## 变更文件编制不符合要求，未履行审批程序

西部地区某主要支流治理工程治理河长为 26.81km，主要建设内容为新建堤防 2.95km，护岸 23.86km，新建排涝涵管 23 座。工程于 2019 年 2 月开工。

工程实施过程中，设计单位以设计通知单的形式将部分标段混凝土挡墙设计高度降低 1.4～1.9m，仅出具了设计简图，未提出工程量及投资变化等情况；同时，项目法人未履行相关审批程序。经检查组测算，该项变更混凝土量减少约 3 万 $m^3$、投资减少约 1456 万元；此外，该工程已实施 76 项设计变更，其中项目法人组织审查确认了 30 项，其余设计变更未履行相关程序。不符合《水利工程设计变更管理暂行办法》（水规计〔2012〕93 号）第十五条的规定［此项法规已于 2020 年 12 月废止，最新法规要求：《水利工程设计变更管理暂行办法》（水规计〔2020〕283 号）第十六条和第十七条］。

**【法规标准依据】**

《水利工程设计变更管理暂行办法》（水规计〔2012〕93 号）

第十五条　工程设计变更审批采取分级管理制度。重大设计变更文件，由项目法人按原报审程序报原初步设计审批部门审批。一般设计变更文件由项目法人组织审查确认后实施，并报项目主管部门核备，必要时报项目主管部门审批。设计变更文件批准后由项目法人负责组织实施。

现行法规：《水利工程设计变更管理暂行办法》（水规计〔2020〕283 号）

第十六条　工程设计变更审批采用分级管理制度。重大设计变更文件，由项目法人按原报审程序报原初步设计审批部门审批。报水利部审批的重大设计变更，应附原初步设计文件报送单位的意见。

第十七条　一般设计变更文件由项目法人组织有关参建方研究确认后实施变更，并报项目主管部门核备，项目主管部门认为必要时可组织审批。设计变更文件审查批准后，由项目法人负责组织实施。

## 二、原因分析

1. 项目法人对设计变更有关规定学习不够，对设计变更的重要性认识不足，未及时要求勘察设计单位编制变更文件并履行审批程序。

2. 部分勘察设计单位内控制度不完善或未能有效执行，勘察设计成果质量不高，许多变更是因前期设计深度不够、缺漏项等原因引起，为满足施工需要，设计单位简化了变更内容与手续。

## 三、措施建议

1. 项目法人应当加强工程设计变更相关规定的学习，加强勘察设计工作的质量控制，尽可能减少工程设计变更的数量和范围，确需变更的，应当按规定及时履行审批程序。

2. 勘察设计单位应当加强前期工作深度，严格执行设计成果质量内控制度，提升设计变更成果质量。

3. 地方水行政主管部门应当加强对设计变更特别是重大设计变更的监管，督促项目法人和相关审批部门及时履行设计变更手续。

# 第五节 现 场 服 务

勘察、设计服务是项目建设全过程服务，现场服务是其中的重要环节，也是设计方案实施的重要保障，是勘察、设计单位必须履行的职责，《建设工程勘察设计管理条例》和《建设工程勘察质量管理办法》中均有现场服务相关规定。《水利工程建设项目管理规定（试行）》规定设计单位应按合同及时提供施工详图，并确保设计质量；按工程规模，派出设计代表组进驻施工现场解决施工中出现的设计问题。从实际工程建设看，对于国家重大水利项目和省级重点项目，设计单位比较重视，现场设代服务较好。

在监督检查中发现，现场服务方面存在的主要问题有：现场设代人员配备不足；开工前设计交底不详细，未能明确提出现场施工的难点、重点、关键点、质量安全风险点；设代人员未能及时解决施工中遇到的问题；地质工程师未参加重要隐蔽单元工程验收等。

## 一、典型案例

**【案例1】**

### 专业人员配置不全，未进行设计交底

中南地区某防洪堤工程，堤防等级为2级，建设内容主要包括加固和改建堤防20.61km，其中加固堤防长度8.21km，拆除改建堤防长度12.4km，新建排涝穿堤箱涵2座。工程于2016年10月开工。

检查中发现，勘察、设计单位某市水利勘测设计院成立由4人组成的设计代表组，其中工程师1人（水工专业），助理工程师3人（3人均为水工专业），缺少地质工程师、施工专业人员等。工程开工前，设计单位未进行设计交底；检查部分重要（隐蔽）单元工程质量等级签证表，地质工程师未参加基坑验槽和重要隐蔽单元工程验收。不符合《建设工程勘察设计管理条例》第三十条、《建设工程勘察质量管理办法》第九条和SL 176—2007《水利水电工程施工质量检验与评定规程》第5.3.2条的规定。

**【法规标准依据】**

《建设工程勘察设计管理条例》（2000年国务院令第293号发布，2015年国务院令第662号、2017年国务院令第687号修改）

第三十条　建设工程勘察、设计单位应当在建设工程施工前，向施工单位和监理单位说明建设工程勘察、设计意图，解释建设工程勘察、设计文件。建设工程勘察、设计单位应当及时解决施工中出现的勘察、设计问题。

《建设工程勘察质量管理办法》（2012年建设部令第115号发布，2007年建设部令第163号、2021年住建部令第53号修改）

第九条　工程勘察企业应当参与施工验槽，及时解决工程设计和施工中与勘察工作有关的问题。

SL 176—2007《水利水电工程施工质量检验与评定规程》

5.3.2　重要隐蔽单元工程及关键部位单元工程质量经施工单位自评合格、监理单位抽检后，由项目法人（或委托监理）、监理、设计、施工、工程运行管理（施工阶段已经有时）等单位组成联合小组，共同检查核定其质量等级并填写签证表，报工程质量监督机构核备。重要隐蔽单元工程（关键部位单元工程）质量等级签证表见附录F（略）。

**【案例2】**

## 未及时解决施工中出现的问题

东南地区某主要支流治理工程治理河长45.91km，主要建设内容为新建护岸41.69km、支流及沟道回水段护岸4.22km、防汛路12.15km。工程于2017年9月开工。

检查中发现，该工程开始施工时，村民采砂已导致右岸某段河堤临水侧护坡工程底部护脚外侧形成高1.8～2m的采空面，工程地形条件已发生非常大的变化，但设计单位未及时调整设计方案。截至检查时，该段护岸工程已按原施工图完成施工，存在较大质量安全隐患。不符合《建设工程勘察设计管理条例》第三十条的规定。

**【法规标准依据】**

《建设工程勘察设计管理条例》（2000年国务院令第293号发布，2015年国务院令第662号、2017年国务院令第687号修改）

第三十条　……建设工程勘察、设计单位应当及时解决施工中出现的勘察、设计问题。

**【案例3】**

## 未对管涌险情提出处理方案

中南地区某防洪治理工程，主要治理内容为外洪堤防加固79.78km、渍堤加修17.97km、新建护岸11.01km、新建硬护坡32.95km、堤身隐患处理 49.6km、堤基防渗墙处理 1.1km、填塘固基 49.61km、修建或重建堤顶防汛道路 97.75km、改重建穿堤建筑物 103 座等。工程建成后将现有堤防防洪标准由不足 5 年一遇提高到 10～20 年一遇。工程于 2017 年 1 月开工。

检查中发现，桩号 1＋200、1＋950 和 3＋400 3 处 2020 年汛期发生管涌险情。地勘资料显示，3 处管涌群的堤基为双层结构（Ⅱ2 类），堤基上部为可塑状粉质黏土和黏土，透水性较小，下部为砂砾卵石，透水性较大；勘察、设计单位未提出具体处理措施方案。不符合《建设工程勘察设计管理条例》第三十条和 GB 50286—2013《堤防工程设计规范》第 4.4.2 条和第 11.2.1 条的规定。

**【法规标准依据】**

《建设工程勘察设计管理条例》（2000 年国务院令第 293 号发布，2015 年国务院令第 662 号、2017 年国务院令第 687 号修改）

第三十条　建设工程勘察、设计单位应当在建设工程施工前，向施工单位和监理单位说明建设工程勘察、设计意图，解释建设工程勘察、设计文件。建设工程勘察、设计单位应当及时解决施工中出现的勘察、设计问题。

GB 50286—2013《堤防工程设计规范》

4.4.2　堤防工程设计应充分利用已有堤防工程及堤线上修建工程的地质勘测资料，并应收集险工地段的历史和现状险情资料，同时应查明历史险工段和决口堤段的范围、地层结构、防汛抢险和堵口采用的材料等情况。

11.2.1　加固与扩建设计应按不同堤段存在问题的特点分段进行，应经技术经济比较提出不同堤段的加固与扩建方案。

## 二、原因分析

1. 勘察、设计单位现场服务意识不强，忽视现场服务对工程建设的重要性；承担的项目较多，专业技术人员力量不足，难以派出勘察设计人员常驻工地。

2. 项目法人对勘察、设计单位现场服务的重要性认识不够，未按合同要求对其进行履约管理，未督促设代人员及时解决施工中遇到的问题。

### 三、措施建议

1. 勘察、设计单位应当增强服务意识，按合同约定配备现场设代人员，积极配合解决建设过程中的问题，提高现场服务质量。

2. 项目法人在签订合同时应当明确现场服务的具体要求，加强对勘察、设计单位现场服务履约情况的监督管理。

## 相关法律法规、规范性文件和技术标准

1.《建设工程勘察设计管理条例》（2000 年国务院令第 293 号发布，2015 年国务院令第 662 号、2017 年国务院令第 687 号修改）

2.《建设工程质量管理条例》（2000 年国务院令第 279 号发布，2019 年国务院令第 714 号修改）

3.《建设工程勘察质量管理办法》（2002 年建设部令第 115 号发布，2007 年建设部令第 163 号、2021 年住建部令第 53 号修改）

4.《水利工程质量管理规定》（1997 年水利部令第 7 号发布，2017 年水利部令第 49 号修改）

5.《水利工程设计变更管理暂行办法》（水规计〔2012〕93 号），此项法规已于 2020 年 12 月废止，最新法规要求：《水利工程设计变更管理暂行办法》（水规计〔2020〕283 号）

6.《工程设计资质标准》（建市〔2007〕86 号）

7.《工程勘察资质标准》（建市〔2013〕9 号）

8. GB 50487—2008《水利水电工程地质勘察规范》

9. GB 50286—2013《堤防工程设计规范》

10. GB 50288—2018《灌溉与排水工程设计标准》

11. SL 274—2001《碾压式土石坝设计规范》（此规范已被 SL 274—2020《碾压式土石坝设计规范》替代，2020 年 11 月 30 日发布，2021 年

2月28日实施）

12. SL 55—2005《中小型水利水电工程地质勘察规范》

13. SL 176—2007《水利水电工程施工质量检验与评定规程》

14. SL 379—2007《水工挡土墙设计规范》

15. SL 386—2007《水利水电工程边坡设计规范》

16. SL 619—2013《水利水电工程初步设计报告编制规程》

17. SL 279—2016《水工隧洞设计规范》

18. SL 725—2016《水利水电工程安全监测设计规范》

19. SL 319—2018《混凝土重力坝设计规范》

# 第二章 建 设 管 理

当前水利工程建设已经全面实行项目法人责任制、招标投标制、工程建设监理制、合同管理制。各地在实践中，不断探索应用新的管理方式，如工程总承包、项目管理总承包、代建、PPP等。20多年来，国家、水利部先后出台了《中华人民共和国合同法》《中华人民共和国招标投标法》《中华人民共和国招标投标法实施条例》《建设工程质量管理条例》《水利工程建设项目管理规定（试行）》《水利工程建设监理规定》《水利工程施工转包违法分包等违法行为认定查处管理暂行办法》《关于加强中小型公益性水利工程建设项目法人管理的指导意见》《水利工程建设项目法人管理指导意见》和《水利工程施工监理规范》等一系列法律法规、部门规章和技术标准，水利工程建设管理责任体系不断健全，水利工程建设管理行为愈发规范，工程施工转包、违法分包等违法行为得到有效遏制，水利工程建设进展顺利。

在监督检查中发现，在当前大规模水利工程建设的新形势下，大部分项目法人能够较为规范地履职尽责，并督促勘测设计、施工、监理等参建单位按规定按要求开展工作，但仍存在诸多普遍性、典型性问题，集中表现在项目法人责任制落实不到位，招投标工作不合规，监理工作不规范，合同签订及履行不规范等方面。本章着重从此四方面挑选了典型案例，进行原因分析，并提出措施建议。

## 第一节 项 目 法 人 管 理

项目法人在水利工程建设中发挥着主导作用，落实好项目法人责任制是加强水利工程建设管理、保障建设质量安全的基础。为了全面落实项目法人责任制，水利部先后出台《水利工程建设项目管理规定（试行）》《水利工程建设程序管理暂行规定》《关于加强中小型公益性水利工程建设项目法人管理的指导意见》《水利工程建设项目法人管理指导意见》等一系列部门规章和规范性文件，明确了项目法人的主要职责、履职能力、资格条件、组织保障、建设管理力量、制度保障措施和重点建设管理任务。

在监督检查中发现，项目法人责任制落实方面暴露出一些不容忽视的问题，如项目法人组建不规范、履职不到位、职责不明晰、管理能力不足、监督考核机制不健全等，影响了项目法人责任制效能的充分发挥，也造成部分水利建设项目在质量、安全、进度、资金管理等方面问题多发频发。

## 一、典型案例

**【案例 1】**

### 项目法人组建不规范

西南地区某主要支流治理工程，治理河长为 2.41km，主要建设内容为新建堤防，属于中小型公益性水利工程。工程于 2015 年开工。

检查中发现，工程项目法人为所在地县水务局，由 11 人组成，法定代表人为县水务局局长。项目法人与水行政主管部门同体，既是执行者，也是监督者，致使项目法人向主管部门的报告、备案，以及主管部门对项目法人的监督、指导等工作边界不清，监督制衡作用无法正常发挥。此外，技术负责人、财务负责人均为兼职，部分建设管理人员无专业技术职称，技术管理力量薄弱。不符合《水利工程建设项目管理规定（试行）》（水建〔1995〕128 号，2016 年水利部令第 48 号修改）第十六条和《关于加强中小型公益性水利工程建设项目法人管理的指导意见》（水建管〔2011〕627 号，2017 年水利部公告第 32 号修改）第一条的规定［此项规范性文件已于 2021 年 3 月废止，最新规范性文件要求：《水利工程建设项目法人管理指导意见》（水建设〔2020〕258 号）第七条和第十一条］。

**【法规标准依据】**

《水利工程建设项目管理规定（试行）》（水建〔1995〕128号，2016年水利部令第48号修改）

第十六条　……2. 组建建设单位由项目主管部门或投资各方负责；建设单位需具备下列条件：

（1）具有相对独立的组织形式。内部机构设置，人员配备能满足工程建设的需要；

（2）经济上独立核算或分级核算；

（3）主要行政和技术、经济负责人是专职人员，并保持相对稳定。

《关于加强中小型公益性水利工程建设项目法人管理的指导意见》（水建管〔2011〕627号，2017年水利部公告第32号修改）

第一条　规范项目法人组建……

（二）中小型公益性水利工程建设项目实行项目法人责任制。中小型公益性水利工程建设项目法人（以下简称项目法人）是项目建设的责任主体，具有独立承担民事责任的能力，对项目建设的全过程负责，对项目的质量、安全、进度和资金管理负总责。水行政主管部门应加强对项目法人的指导和帮助。水行政主管部门主要负责人不得兼任项目法人的法定代表人。

现行性文件：《水利工程建设项目法人管理指导意见》（水建设〔2020〕258号）

（七）各级政府及其组成部门不得直接履行项目法人职责；政府部门工作人员在项目法人单位任职期间不得同时履行水利建设管理相关行政职责。

（十一）水利工程建设项目法人应具备以下基本条件：

……

4. 项目法人的主要负责人、技术负责人和财务负责人应具备相应的管理能力和工程建设管理经验。其中，技术负责人应为专职人员，……

**【案例 2】**

## 项目法人履职不到位

华东地区某大型水资源配置工程，主要建设内容包括拦河闸工程、引水工程和输水工程，其中引水工程由泵站、引水管道、引水隧洞组成，输水工程由取水泵站、输水隧洞、输水管道组成，输水线路总长为 181.58km。

检查中发现，工程施工 5 标初步设计批复概算投资为 18175.00 万元，项目法人在招标时，新增了城市景观建设内容，提高了输水工程的建设标准，将招标控制价提高为 21866.00 万元。2018 年 7 月，项目法人与中标单位签订了施工合同，合同金额为 20578.00 万元，超出概算 2403.00 万元，招标控制价、合同价格超出概算范围均未履行报批手续。该标段计划开工日期为 2018 年 7 月，施工合同工期为 36 个月。截至 2020 年 5 月，项目法人仍未按合同约定提供外部建设条件，导致该标段尚未开工建设，工程延期 22 个月。不符合《水利工程建设程序管理暂行规定》（水建〔1998〕16 号，2019 年水利部令第 50 号修改）第八条、《水利工程建设项目管理规定（试行）》（水建〔1995〕128 号，2016 年水利部令第 48 号修改）第十四条和《工程建设项目施工招标投标办法》（2003 年国家计委等 7 部委令第 30 号发布，2013 年发改委等 9 部委令第 23 号修改）第六十四条的规定。

**【法规标准依据】**

《水利工程建设程序管理暂行规定》（水建〔1998〕16 号，2019 年水利部令第 50 号修改）

第八条　……1. 建设实施阶段是指主体工程的建设实施，项目法人按照批准的建设文件，组织工程建设，保证项目建设目标的实现。

《水利工程建设项目管理规定（试行）》（水建〔1995〕128 号，2016 年水利部令第 48 号修改）

第十四条　……1. 项目建设单位要建立严格的现场协调或调度制度。及时研究解决设计、施工的关键技术问题。从整体效益出发，认真履行合同，积极处理好工程建设各方的关系，为施工创造良好的外部条件。

《工程建设项目施工招标投标办法》（2003 年国家计委等 7 部委令第 30 号发布，2013 年国家发展改革委等 9 部委令第 23 号修订）

第六十四条　合同中确定的建设规模、建设标准、建设内容、合同价格应当控制在批准的初步设计及概算文件范围内；确需超出规定范围的，应当在中标合同签订前，报原项目审批部门审查同意。凡应报经审查而未报的，在初步设计及概算调整时，原项目审批部门一律不予承认。

## 二、原因分析

1. 近年来，随着“放管服”改革不断深化，部分大中型水利工程项目法人由市县级人民政府组建或其委托同级水行政主管部门组建，但市县技术力量薄弱、建设管理经验不足。此外，囿于人员编制的限制，项目法人又不能及时招聘或引进人才，人员流动性大，兼职较多，队伍力量偏弱，履职能力不强，“小马拉大车”现象较为普遍。

2. 在省级层面，原有的建设管理局、重点工程局等省级建管单位时常出现技术力量闲置的情况，建管技术力量在省级行政区划内的配置不合理。

## 三、措施建议

1. 各省级人民政府或其授权部门应当结合本地实际，结合贯彻水利部印发的《水利工程建设项目法人管理指导意见》，研究符合本地实际的办法，根据项目类型、建设规模、技术难度、影响范围等因素确定项目法人组建层级。

2. 项目法人应当结合建设项目实际，依法完善项目法人治理结构，强化管理及技术力量，制定质量、安全、计划执行、设计、财务、合同、档案等各项管理制度，加强对参建单位的管理。不能满足基本条件要求的，应当通过委托代建、项目管理总承包、全过程咨询等方式，引入符合相关要求的社会专业技术力量，协助履行职责。代建、项目管理总承包和全过程咨询单位，如具备相应监理资质和能力，可依法承担监理业务。

3. 各级水行政主管部门应当加大对项目法人管理人员的培训力度，提升管理水平；项目法人组建单位应当加强对项目法人的监督管理，建立对项目法人考核机制，定期开展考核评价，督促项目法人认真履职，对违法违规行为进行追责问责，切实有效地提升建设管理水平。

## 第二节　招标投标管理

目前水利建设项目勘察设计、施工、监理以及设备、材料采购等方面，已全面实行招标投标制。国家出台了《中华人民共和国招标投标法》《中华人民共和国招标投标法实施条例》，水利部制定了《水利工程建设项目招标投标管理规定》，印发了《水利水电工程标准施工招标资格预审文件》《水利水电工程标准施工招标文件》《施工监理合同示范文本》等文件，为规范、指导水利建设项目招标投标工作发挥了重要作用。

在监督检查中发现，水利工程招标投标中仍存在招标工作不合规、投标人相互串通投标、超概算标准招标等突出问题。此外，招标文件编制不规范、信息发布不合规、项目法人未按批复建设内容进行招标、招标未在公共资源交易平台进行、应招标未招标、虚假招标、签订背离招标文件实质性内容的其他协议等现象也时有发生。

### 一、典型案例

**【案例1】**

#### 招标工作不合规

西南地区某大型水资源配置工程，主要建设内容包括拦河闸工程、引水工程、输水工程等。

检查中发现，2012年10月，项目法人采用直接委托的方式与设计院甲、设计院乙签订了勘察设计合同，合同金额为14976.00万元，未按规定组织公开招标。2016年9月，项目法人对该工程勘察设计工作进行公开招标，中标单位为原两家设计单位，中标价为原合同价款，存在虚假招标行为。此外，项目法人在工程施工2标、施工6标、泵站泵组及其机电设备安装工程招标文件的投标人须知中，均违规设置了最低投标限价。在签订泵组及其附属设备采购合同时，对招标文件通用合同条款进行多处修改，违规调整招标文件中实质性内容，如：在合同价款的支付条款中增加了“付款前卖方应提供增值税专用发票”；在履约保函条款中删除了“履约保证金在该套合同设备保证期结束时终止，并由买方无利息的退还给卖方”；在索赔条款中增加“履约保函、预付款保函、质保期保函均应为见索即付的独立保函”等。不符合《必须招标的工程项目规定》（2018年国家发展改革委令第16号）第五条、《中华人民共和国招标投标法实施条例》（2011年国务院令第613号发布，2017年国务院令第676号、2018年国务院令第698号、2019年国务院令第709号修改）第二十七条和第五十七条的规定。

**【法规标准依据】**

《必须招标的工程项目规定》（2018年国家发展改革委令第16号）

第五条　本规定第二条至第四条规定范围内的项目，其勘察、设计、施工、监理以及与工程建设有关的重要设备、材料等的采购达到下列标准之一的，必须招标：……（三）勘察、设计、监理等服务的采购，单项合同估算价在100万元人民币以上。

《中华人民共和国招标投标法实施条例》（2011年国务院令第613号发布，2017年国务院令第676号、2018年国务院令第698号、2019年国务院令第709号修改）

第二十七条　……招标人设有最高投标限价的，应当在招标文件中明确最高投标限价或者最高投标限价的计算方法。招标人不得规定最低投标限价。

第五十七条　招标人和中标人应当依照招标投标法和本条例的规定签订书面合同，合同的标的、价款、质量、履行期限等主要条款应当与招标文件和中标人的投标文件的内容一致。招标人和中标人不得再行订立背离合同实质性内容的其他协议。

**【案例 2】**

## 投标人相互串通投标

西南地区某主要支流治理工程，治理河长为 7.70km，主要建设内容包括新建防洪堤、防洪排涝闸、高水高排暗涵、排涝泵站等。

检查中发现，2017 年 6 月 6 日，项目法人委托某招标代理机构对某标段施工标进行公开招标，7 月 25 日进行了开评标。评标委员会对通过资格审查的 10 家投标人进行排名，推荐了 3 名中标候选人。其中，排名第 2、3、4 名的投标人报价完全一致，均为 2748.5198 万元；排名第 7、8 名的投标人报价仅相差 1 元，分别为 2816.8084 万元和 2816.8083 万元。不同投标人的投标文件异常一致，明显有串通投标嫌疑，但评标委员会未予否决投标，仍将相关投标人列为中标候选人。不符合《中华人民共和国招标投标法实施条例》第四十条和第五十一条的规定。

**【法规标准依据】**

《中华人民共和国招标投标法实施条例》（2011 年国务院令第 613 号发布，2017 年国务院令第 676 号、2018 年国务院令第 698 号、2019 年国务院令第 709 号修改）

第四十条　有下列情形之一的，视为投标人相互串通投标：……（四）不同投标人的投标文件异常一致或者投标报价呈规律性差异。

第五十一条　有下列情形之一的，评标委员会应当否决其投标：……（七）投标人有串通投标、弄虚作假、行贿等违法行为。

**【案例 3】**

## 超出概算招标未报原项目审批部门审查同意

华南地区某主要支流治理工程，治理河长为 43.78km，主要建设内容包括加固堤防、加固穿堤建筑物、草皮护坡等。

检查中发现，项目法人未按初步设计批复的建设内容进行招标，将泥结石路改为沥青路，将草皮护坡改为生态护坡，招标和签订的施工合同金额为16110.44万元，超出概算2243.27万元，未在合同签订前报原项目审批部门审查同意。不符合《工程建设项目施工招标投标办法》第六十四条的规定。

**【法规标准依据】**

《工程建设项目施工招标投标办法》（2003年国家计委等7部委令第30号发布，2013年国家发展改革委等9部委令第23号修订）

第六十四条　合同中确定的建设规模、建设标准、建设内容、合同价格应当控制在批准的初步设计及概算文件范围内；确需超出规定范围的，应当在中标合同签订前，报原项目审批部门审查同意。凡应报经审查而未报的，在初步设计及概算调整时，原项目审批部门一律不予承认。

## 二、原因分析

1. 项目法人力量薄弱，不具备编制招标文件能力，委托的招标代理机构履职不到位，对招标的专业性和严肃性认识不足。

2. 评标专家责任心不强，缺乏职业操守，或为牟取不当利益，在评标中违法操作，或按招标人倾向评标，沦为“暗箱操作”的工具。

3. 地方水行政主管部门对招投标工作的监督检查力度不够，未建立常态化检查和相关处罚机制，对违法行为处罚较轻，导致违法违规成本相对偏低，震慑作用不足。

## 三、措施建议

1. 项目法人管理人员应当熟悉招投标等工作程序与要求，对招标代理机构工作情况进行必要的监督。

2. 招标代理机构应当着力提高从业人员专业能力，熟悉代理项目的基本情况，准确把握法规政策尺度，按规定编制招标文件，按程序开展招标工作。

3. 水行政主管部门应当加强对市场主体和从业人员的教育培训，加强对公共资源交易平台运行的监督管理，加大对围标、串标等违法违规行为的查处力度，将失信行为信息推送至有关水利行业信用评价机构，形成对违法失信行为的长效制约，促进市场主体增强信用意识和自我约束力。综合运用责任追究、行政处罚、联合惩戒等手段，使守法守信者畅行天下、违法失信者寸步难行，进一步营造水利建设市场公平竞争的市场环境和法治化、便利化的营商环境。

## 第三节　工程建设监理

《建设工程质量管理条例》规定国家重点建设工程、大中型公用事业工程等五类建设工程必须实行监理，水利部出台了《水利工程建设监理规定》《水利工程建设监理单位资质管理办法》、SL 288—2014《水利工程施工监理规范》等一系列部门规章和技术标准，从而形成了项目法人负责，设计、施工单位保障，监理单位控制，政府监督的质量安全保证管理体系。

在监督检查中发现，监理单位主要存在无相应资质承揽监理业务、超越本单位资质等级范围承揽业务、监理履职不到位、弄虚作假等问题，以及未组建现场监理机构、未按合同约定配备监理人员、未按规定编制监理规划和监理实施细则、重要部位和关键工序未进行旁站监理、监理现场记录不规范等现象。

### 一、典型案例

**【案例 1】**

#### 监理单位未取得相应资质等级证书承揽监理业务

检查中发现，某监理单位具有水利工程施工监理乙级资质，可承揽业务范围包括Ⅱ等（堤防 2 级）及以下各等级水利工程的施工监理。该单位中标的华中地区某水土保持重点治理工程中，项目法人在招标文件中仅要求监理单位具有水利工程施工监理乙级资质，但项目主要建设内容包括坡改梯工程、经果林工程、封禁补植工程、水土保持林和小型水利水保工程等水土保持工程内容，该监理单位不具备水土保持工程施工监理资质。不符合《水利工程建设监理规定》（2006年水利部令第28号发布，2017年水利部令第49号修改）第七条、第二十七条和《建设工程质量管理条例》第六十条的规定。

**【法规标准依据】**

《水利工程建设监理规定》（2006年水利部令第28号发布，2017年水利部令第49号修改）

第七条　监理单位应当按照水利部的规定，取得《水利工程建设监理单位资质等级证书》，并在其资质等级许可的范围内承揽水利工程建设监理业务。

第二十七条　监理单位有下列行为之一的，依照《建设工程质量管理条例》第六十条、第六十一条、第六十二条、第六十七条、第六十八条处罚：……（二）未取得相应资质等级证书承揽监理业务的。

《建设工程质量管理条例》（2000年国务院令第279号发布，2019年国务院令第714号修改）

第六十条　违反本条例规定，勘察、设计、施工、工程监理单位超越本单位资质等级承揽工程的，责令停止违法行为，对勘察、设计单位或者工程监理单位处合同约定的勘察费、设计费或者监理酬金1倍以上2倍以下的罚款；……未取得资质证书承揽工程的，予以取缔，依照前款规定处以罚款；有违法所得的，予以没收。

**【案例2】**

## 监理单位超越本单位资质等级许可的业务范围承揽监理业务

《水利工程建设监理单位资质管理办法》（2006年水利部令第29号发布，2019年水利部令第50号修改）附件2规定：水土保持工程等级划分为Ⅰ等、Ⅱ等和Ⅲ等三个等级，其中Ⅲ等水土保持工程包括：小于150平方公里的水土保持综合治理项目；总库容小于50万立方米的沟道治理工程；征占地面积小于50公顷的开发建设项目的水土保持工程。

检查中发现，某监理单位具有水利工程施工监理甲级、水土保持工程施工监理丙级监理资质，可承揽业务范围包括各等级水利工程的施工监理、Ⅲ等水土保持工程的施工监理。西南地区某水库工程总征地面积259.45公顷，水土保持工程等级为Ⅱ等。该监理单位中标该工程主体工程及水土保持工程施工监理，超过了其相应资质允许承揽的Ⅲ等水土保持工程范围（征占地面积小于50公顷的水土保持工程）。不符合《水利工程建设监理规定》第七条、第二十七条和《建设工程质量管理条例》第六十条的规定。

**【法规标准依据】**

《水利工程建设监理规定》（2006年水利部令第28号发布，2017年水利部令第49号修改）

第七条　监理单位应当按照水利部的规定，取得《水利工程建设监理单位资质等级证书》，并在其资质等级许可的范围内承揽水利工程建设监理业务。

第二十七条　监理单位有下列行为之一的，依照《建设工程质量管理条例》第六十条、第六十一条、第六十二条、第六十七条、第六十八条处罚：（一）超越本单位资质等级许可的业务范围承揽监理业务的。

《建设工程质量管理条例》（2000年国务院令第279号发布，2019年国务院令第714号修改）

第六十条　勘察、设计、施工、工程监理单位超越本单位资质等级承揽工程的，责令停止违法行为，对勘察、设计单位或者工程监理单位处合同约定的勘察费、设计费或者监理酬金1倍以上2倍以下的罚款。

**【案例3】**

## 监理单位履职不到位

西北地区某主要支流治理工程，治理河长为66.00km，主要建设内容为新建堤防和涵闸。

检查中发现，监理单位编制的监理规划中，缺少监理实施细则的编制计划；主体工程已基本完工时，监理机构仍未编写交通桥灌注桩工程、涵闸背水侧土方回填工程等监理实施细则；总监理工程师未核签施工图纸，未审批施工组织设计、工程进度计划、施工度汛方案，未签发监理月报和工程价款支付证书；现场监理记录中缺少施工作业内容、存在的问题及其处理情况等主要内容；未对涵闸土方回填压实工序、新建交通桥预制混凝土桥板吊装工序等进行旁站监理。不符合《水利工程建设监理规定》第十一条、第十四条、第十五条、第十六条、第十七条和SL 288—2014《水利工程施工监理规范》附录A.2、第B.2.1条、第4.2.1条、第4.2.3条的规定。

**【法规标准依据】**

《水利工程建设监理规定》(2006年水利部令第28号发布，2017年水利部令第49号修改)

第十一条　监理单位应当按下列程序实施建设监理：

……

（二）编制监理规划，明确项目监理机构的工作范围、内容、目标和依据，确定监理工作制度、程序、方法和措施，并报项目法人备案；

（三）按照工程建设进度计划，分专业编制监理实施细则。

第十四条　监理单位应当按照监理合同，组织设计单位等进行现场设计交底，核查并签发施工图。未经总监理工程师签字的施工图不得用于施工。

第十五条　监理单位应当按照监理规范的要求，采取旁站、巡视、跟踪检测和平行检测等方式实施监理，发现问题应当及时纠正、报告。

第十六条　监理单位应当协助项目法人编制控制性总进度计划，审查被监理单位编制的施工组织设计和进度计划，并督促被监理单位实施。

第十七条　监理单位应当协助项目法人编制付款计划，审查被监理单位提交的资金流计划，按照合同约定核定工程量，签发付款凭证。

SL 288—2014《水利工程施工监理规范》

附录 A.2　监理规划的主要内容：

……

12. 监理实施细则编制计划：

(1) 监理实施细则文件清单；

(2) 监理实施细则编制工作计划。

B.2.1　专业工程监理实施细则。专业工程主要指施工导（截）流工程、土石方明挖、地下洞室开挖、支护工程、钻孔和灌浆工程、地基及基础处理工程、土石方填筑工程、混凝土工程、砌体工程、疏浚及吹填工程、屋面和地面建筑工程、压力钢管制造和安装、预埋件埋设、机电设备安装、工程安全监测等。

4.2.1　现场记录。监理机构记录每日施工现场的人员、原材料、中间产品、工程设备、施工设备、天气、施工环境、施工作业内容、存在的问题及其处理情况等。

4.2.3　旁站监理。监理机构按照监理合同约定和监理工作需要，在施工现场对工程重要部位和关键工序的施工作业实施连续性的全过程监督、检查和记录。

**【案例 4】**

## 监理单位弄虚作假

华北地区某中型灌区续建配套与改造工程，设计灌溉面积 30.19 万亩，主要建设内容包括干渠防渗衬砌、渠顶混凝土道路、渠系建筑物等。

检查中发现，2018 年 7 月，项目法人与监理单位签订了施工监理合同，合同金额为 40.95 万元，监理合同约定组建现场监理机构，任命总监理工程师1名、监理工程师3名、监理员1名。在2019年5月对该项目稽察时，合同约定的监理人员均未到岗，监理单位未开展任何现场监理工作，监理资料全面造假。总监理工程师一直未到岗履职，现场监理资料中其签字均为他人代签。监理工程师王某已于2017年5月11日死亡（经公安系统核实），但根据现场监理资料中显示，其直至2019年5月仍在工程中行使监理工程师职责。不符合《水利工程建设监理规定》第十一条、第十五条和《大中型灌区续建配套节水改造项目建设管理办法》（发改农经〔2015〕3139号）第十八条的规定。

**【法规标准依据】**

《水利工程建设监理规定》（2006年水利部令第28号，2017年水利部令第49号修改）

第十一条　监理单位应当按下列程序实施建设监理：

（一）按照监理合同，选派满足监理工作要求的总监理工程师、监理工程师和监理员组建项目监理机构，进驻现场。

第十五条

（二）监理单位不得与项目法人或者被监理单位串通，弄虚作假、降低工程或者设备质量。

《大中型灌区续建配套节水改造项目建设管理办法》（发改农经〔2015〕3139号）

第十八条　大中型灌区改造项目监理单位应按有关规定和监理合同等为项目选配足够的监理力量。监理人员应持证上岗。

## 二、原因分析

1. 水利建设市场竞争激烈，恶性竞争现象比较突出，监理费用普遍较低，不少项目实际取费不足以维持监理业务正常开展。导致部分监理单位突破底线，不惜违法经营，超越资质承揽监理业务，罔顾合同约定，采取减少现场监理人员数量、降低监理人员专业层次、减少必要的监理工作程序、弄虚作假等方式降低成本，以期获得更多的收益。

2. 项目法人质量管理意识不足，未结合项目实际进一步明确监理单位的职责与义务，对监理单位资质审核把关不严，未对现场监理人员配备情况、履职情况开展有效监管，对监理单位存在的问题纠正不力，甚至听之任之。

3. 部分监理单位管理、技术力量薄弱，与所持资质不相配，管理体系不健全、管理经验匮乏，有的监理人员专业能力低、法律意识淡薄、责任感不强、工作态度消极。

4. 水行政主管部门对监理市场监管不到位，地方市场信用体系建设不完善，未有效建立不良行为记录档案，对监理单位和从业人员未做到动态监管，对监理资质挂靠、监理人员无证上岗、监理资料造假等违法违规行为查处力度不够。

## 三、措施建议

1. 项目法人应当提高质量管理意识，规范招投标管理程序，严格遵循《中华人民共和国招标投标法》的相关规定，按照国家标准落实监理费。在招标工作时，应当对监理单位资质、相关人员资格进行严格审查，确保中标监理单位有足够履职能力。同时，在合同中明确符合项目实际的监理单位职责与义务，加强对监理人员配备、履职情况的监督检查，提高监理单位履职效果。定期对本单位技术管理人员开展工程建设质量管理业务培训，把握好各项政策法规要求，切实履行好项目法人职责。

2. 监理单位应当强化法律意识，杜绝违法行为。建立健全质量保证体系，加强人员培训，定期组织本单位人员开展业务培训，重点加强对《建设工程质量管理条例》《水利工程建设监理规定》、SL 288—2014《水利工程施工监理规范》等的培训，提高监理人员素质和业务能力，规范监理行为，提高监理人员履职能力。

3. 水行政主管部门应当加强对监理单位和监理人员的管理，加大对监理单位履职情况的监督检查力度，完善信用档案，对监理单位无资质、超资质承揽监理业务，监理工程师挂证、兼职或长期不到岗等违法违规行为记入信用档案，综合运用责任追究、行政处罚、联合惩戒、限制市场准入等方式，加大违规惩处力度，规范监理单位履职。

# 第四节　合　同　管　理

为加强合同管理，防范和打击建设工程领域超越资质承揽业务、转包、违法分包等行为，国家、水利部相继出台《中华人民共和国合同法》《标准施工招标文件》《水利建设工程施工分包管理规定》和《水利工程施工转包违法分包等违法行为认定查处管理暂行办法》等一系列法律法规和规范性文件，对水利建设工程的合同签订、履行的程序、基本内容等进行了规范，对施工单位资质管理、劳务分包，转包、违法分包等行为做出明确的规定。

在监督检查中发现，水利工程建设合同管理中主要存在项目法人合同签订不规范、项目法人合同履行不规范、施工单位中标项目肢解后转包、施工单位违法分包主体工程等主要问题。

## 一、典型案例

**【案例 1】**

### 项目法人合同签订不规范

东北地区某灌区续建配套与节水改造工程，工程总投资为6596万元，主要建设内容包括渠道衬砌、节制闸、进退水闸等。

检查中发现，项目法人与招标代理机构签订的招标代理服务合同中约定“本合同自双方签字盖章之日起成立、生效”，但签订合同内容不完整，未注明签订合同日期，缺少合同成立时间和履行期限。此外，合同签订人也非项目法人的法定代表人或其委托代理人，合同签订方不具备签订合同主体资格，该合同不具备法律效力。不符合《中华人民共和国合同法》（主席令第15号）第十二条、第三十二和第四十八条的规定［此项法律已于2021年1月废止，最新法律要求：《中华人民共和国民法典》（主席令第45号）第一百七十一条、第四百七十条和第四百九十条］。

**【法规标准依据】**

《中华人民共和国合同法》（主席令第15号）

第十二条　合同的内容由当事人约定，一般包括以下条款：……

（六）履行期限、地点和方式。

第三十二条　当事人采用合同书形式订立合同的，自双方当事人签字或者盖章时合同成立。

第四十八条　行为人没有代理权、超越代理权或者代理权终止后以被代理人名义订立的合同，未经被代理人追认，对被代理人不发生效力，由行为人承担责任。

现行法律：《中华人民共和国民法典》（主席令第45号）

第一百七十一条　行为人没有代理权、超越代理权或者代理权终止后，仍然实施代理行为，未经被代理人追认的，对被代理人不发生效力。

第四百七十条　合同的内容由当事人约定，一般包括下列条款：……

（六）履行期限、地点和方式。

第四百九十条　当事人采用合同书形式订立合同的，自当事人均签名、盖章或者按指印时合同成立。在签名、盖章或者按指印之前，当事人一方已经履行主要义务，对方接受时，该合同成立。

**【案例2】**

## 项目法人合同履行不规范

西南地区某大型枢纽工程，主要建设内容包括混凝土面板堆石坝、溢洪道、泄洪隧洞、输水隧洞等。

检查中发现，2017年11月，项目法人与输水隧洞标施工单位签订施工合同。合同中“技术标准和要求”约定了施工支洞正常排水量范围，明确正常排水量以下按施工期抽排水措施项目总价支付，超出部分排水量由项目法人、监理单位和施工单位协商另行支付。而合同中“已标价工程量清单”明确施工期抽排水计量以项为单位，按实际发生的工程量和建设单位、监理单位、施工单位共同确认的合理单价进行结算。此外，合同中规定，当约定条款内容不一致时，以次序在先者为准，“技术标准和要求”排在“已标价工程量清单”之前。2019年3月，项目法人、监理单位和施工单位就讨论工程抽排水量结算方式召开会议，最终协商一致决定“抽排水量按单价进行计量结算”，并形成会议纪要，此结算方式与合同约定不一致。

截至2019年7月5日，工程累计抽排水量为1046.38万$m^3$，施工单位要求项目法人按2019年3月会议纪要中约定的结算方式（按单价和实际抽排水量）进行计量支付，累计约8000万元。而按合同中约定的支付方式，仅需支付施工排水措施费1500万元、超出正常排水量应支付的费用1000万元，共计2500万元。实际结算比合同约定的结算方式超出约5500万元，未按合同约定履行权利、责任和义务。以上不符合《中华人民共和国合同法》（主席令第15号）第六十条［此项法律已于2021年1月废止，最新法律要求：《中华人民共和国民法典》（主席令第45号）第五百零九条］、《水利工程建设项目管理规定（试行）》（水建〔1995〕128号，2016年水利部令第48号修改）第十四条的规定。

**【法规标准依据】**

《中华人民共和国合同法》（主席令第15号）

第六十条　当事人应当按照约定全面履行自己的义务。当事人应当遵循诚实信用原则，根据合同的性质、目的和交易习惯履行通知、协助、保密等义务。

现行法律：《中华人民共和国民法典》（主席令第45号）

第五百零九条　当事人应当按照约定全面履行自己的义务。

当事人应当遵循诚信原则，根据合同的性质、目的和交易习惯履行通知、协助、保密等义务。

《水利工程建设项目管理规定（试行）》（水建〔1995〕128号，2016年水利部令第48号修改）

第十四条　项目建设单位要按批准的建设文件，充分发挥管理的主导作用，协调设计、监理、施工以及地方等各方面的关系，实行目标管理。建设单位与设计、监理、工程承包单位是合同关系，各方面应严格履行合同。

**【案例3】**

## 施工单位将中标项目肢解后转包

华中地区某大型水资源配置工程，主要建设内容包括拦河闸工程、输水隧洞工程、输水管道工程等。

检查中发现，2017年12月，项目法人与某施工单位签订了该工程2标段施工合同，合同金额为26584.00万元。2018年1月，施工单位将该标段的全部建设内容肢解为输水隧洞工程第1标段和第2标段，并以分包的名义分别转让给甲施工单位（合同金额为7103.00万元）和乙施工单位（合同金额为14417.00万元），且甲、乙两家施工单位均不具备承担水利水电工程施工应有的资质条件。不符合《中华人民共和国招标投标法实施条例》第五十九条和《水利工程施工转包违法分包等违法行为认定查处管理暂行办法》（水建管〔2016〕420号）第五条的规定。

**【法规标准依据】**

《中华人民共和国招标投标法实施条例》（2011年国务院令第613号发布，2017年国务院令第676号、2018年国务院令第698号、2019年国务院令第709号修改）

第五十九条　中标人应当按照合同约定履行义务，完成中标项目。中标人不得向他人转让中标项目，也不得将中标项目肢解后分别向他人转让。

《水利工程施工转包违法分包等违法行为认定查处管理暂行办法》（水建管〔2016〕420号）

第五条　具有下列情形之一的，认定为转包：

（一）承包人将其承包的全部工程转给其他单位或个人施工的；

（二）承包人将其承包的全部工程肢解以后以分包的名义转给其他单位或个人施工的。

**【案例 4】**

## 施工单位违法分包主体工程

西北地区某中型水库工程，主要建设内容包括混凝土面板堆石坝、溢洪道、取水隧洞、放空（导流）隧洞等。

检查中发现，2015 年 11 月，项目法人与某施工单位签订了该工程 2 标段的施工合同，合同金额为 9362.86 万元。2015 年 12 月，施工单位以劳务分包的名义将主体结构工程（土石开挖及填筑、左坝肩平台开挖）和附属工程（上坝公路、房屋建筑工程、其他建筑工程、机电设备及安装工程、施工临时工程、水土保持工程等）违法分包给另一施工单位，签订合同金额为 5833.17 万元。不符合《中华人民共和国招标投标法实施条例》第五十九条、《水利建设工程施工分包管理规定》（水建管〔2005〕304 号）第十七条、《水利工程施工转包违法分包等违法行为认定查处管理暂行办法》（水建管〔2016〕420 号）第七条的规定。

**【法规标准依据】**

《中华人民共和国招标投标法实施条例》（2011 年国务院令第 613 号发布，2017 年国务院令第 676 号、2018 年国务院令第 698 号、2019 年国务院令第 709 号修改）

第五十九条　……中标人按照合同约定或者经招标人同意，可以将中标项目的部分非主体、非关键性工作分包给他人完成。接受分包的人应当具备相应的资格条件，并不得再次分包。

《水利建设工程施工分包管理规定》（水建管〔2005〕304 号）

第十七条　禁止将承包的工程进行违法分包。承包人有下列行为之一者，属违法分包：

……

（二）将主要建筑物主体结构工程分包的；

（三）施工承包合同中未有约定，又未经项目法人书面认可，承包人将工程分包给他人的。

《水利工程施工转包违法分包等违法行为认定查处管理暂行办法》（水建管〔2016〕420号）

第七条　具有下列情形之一的，认定为违法分包：

……

（三）承包人将主要建筑物的主体结构工程分包的。

## 二、原因分析

1. 项目法人未建立严格的合同管理制度，合同管理人员能力不足、法律意识淡薄、责任心不强，对相关法律法规掌握不够，对合同构成的基本要素、各类合同的基本内容、合同文件的组成及优先顺序了解不清，不能及时解决合同履行过程中出现的争议、纠纷。未履行标后监管第一责任人职责，对施工单位违法分包行为查处不力，或对发现的违法分包行为未采取纠正、清退等处理措施，导致中标人合同履行能力较差。

2. 施工单位责任意识淡薄，缺乏法治观念，片面追逐效益。工程中标后自身无履约能力或主观故意，采取收取管理费的形式把中标工程进行转包、肢解分包给不具备相应资质的、技术水平低且无法满足工程需要的其他企业。分包施工单位未意识到在不具备相应资格的情况下，接受分包工程属于违法行为，受利益驱使，在工程实施过程中存在以次充好、偷工减料的主观故意。

3. 水行政主管部门对中标单位履约情况未建立系统的管理、处罚问责办法，对违法分包等行为打击、处罚不力，震慑作用不足。

## 三、措施建议

1. 项目法人应当结合工程实际，配置合同管理机构和专业的合同管理人才，加强对合同管理人员的业务培训，完善合同管理制度，增强合同风险防范意识；加强对合同履行情况的跟踪和监督，加大日常巡查力度，聚焦现场人员、施工设备及相关资料，发现转包、违法分包行为要坚决予以纠正，及时处置和清退，强化对违约行为的责任追究。

2. 施工单位应当提高法律意识，充分认识到转包、违法分包是严重违法行为，严格履行合同约定，按投标承诺派出管理人员全面管理项目建设，在资质范围内承揽业务。

3. 水行政主管部门应当加大对合同履行的监督力度，督促项目法人、参建单位按合同履行义务。应加强对水利工程建设市场的管理和整顿，严格市场主体和人员管理，依法依规对违法行为进行严肃处理，将有关市场主体和人员的失信行为信息推送至有关水利行业信用评价机构，形成对违法失信行为的长效制约，增强市场主体信用意识和自我约束力。

## 相关法律法规、规范性文件和技术标准

1.《中华人民共和国合同法》（主席令第 15 号），此项法律已于 2021 年 1 月 1 日废止，最新法律要求：《中华人民共和国民法典》（2020 年主席令第 45 号）

2.《中华人民共和国招标投标法》（2017 年主席令第 21 号）

3.《建设工程质量管理条例》（2000 年国务院令第 279 号发布，2019 年国务院令第 714 号修改）

4.《中华人民共和国招标投标法实施条例》（2011 年国务院令第 613 号发布，2017 年国务院令第 676 号、2018 年国务院令第 698 号、2019 年国务院令第 709 号修改）

5.《工程建设项目施工招标投标办法》（2003 年国家计委等 7 部委令第 30 号发布，2013 年国家发展改革委等 9 部委令第 23 号修订）

6.《必须招标的工程项目规定》（2018 年国家发展改革委令第 16 号）

7.《水利工程建设监理规定》（2006 年水利部令第 28 号发布，2017 年水利部令第 49 号修改）

8.《水利工程建设监理单位资质管理办法》（2006 年水利部令第 29 号，2019 年水利部令第 50 号修改）

9.《水利工程建设项目管理规定（试行）》（水建〔1995〕128 号，2016 年水利部令第 48 号修改）

10.《水利工程建设程序管理暂行规定》（水建〔1998〕16 号，2019 年水利部令第 50 号修改）

11.《水利建设工程施工分包管理规定》(水建管〔2005〕304 号)

12.《大中型灌区续建配套节水改造项目建设管理办法》(发改农经〔2015〕3139 号)

13.《水利工程施工转包违法分包等违法行为认定查处管理暂行办法》(水建管〔2016〕420 号)

14.《关于加强中小型公益性水利工程建设项目法人管理的指导意见》[水建管〔2011〕627 号，2017 年水利部公告第 32 号修改，此项规范性文件已于 2021 年 3 月废止，最新规范性文件要求：《水利工程建设项目法人管理指导意见》(水建设〔2020〕258 号)]

15. SL 288—2014《水利工程施工监理规范》

# 第三章　计划下达与执行

近年来，国家持续加大水利投资，重大水利基础设施补短板力度不断加强，工程投资计划管理工作重要性进一步凸显，是行业监管的重要内容。国务院、水利部等先后出台了《政府投资条例》《关于切实加强水利资金使用监督管理的意见》《水利发展资金管理办法》《重大水利工程中央预算内投资专项管理办法》《水生态治理、中小河流治理等其他水利工程中央预算内投资专项管理办法》《农村饮水安全巩固提升工程中央预算内投资专项管理办法》等一系列法规、指导性文件，为规范水利工程建设投资下达与执行，确保水利建设资金安全和效益发挥了重要作用。

在监督检查中发现，近年来，随着工程建设的进一步规范及从业人员水平的稳步提升，计划管理类问题呈下降趋势，但仍存在诸多普遍性、典型性问题，集中表现在计划下达与转下达不合规、投资控制与概算执行不到位、建设进度滞后、工程计量与审核不规范、统计数据不准确等方面问题。本章着重从此五方面挑选典型案例，进行原因分析，并提出措施建议。

## 第一节　计划下达与转下达

投资计划（资金预算）下达是否及时，对工程能否如期开工、顺利完工影响很大。当前中央水利建设资金主要分两种，分别是中央预算内投资、中央财政水利发展资金。中央预算内投资的项目有重大水利工程、灾后水利薄弱环节建设（如主要支流治理）、中型水库项目、大中型病险水库（水闸）除险加固工程等，执行《重大水利工程中央预算内投资专项管理办法》《水生态治理、中小河流治理等其他水利工程中央预算内投资专项管理办法》及专项管理办法。根据项目情况采取直接下达投资、打捆下达投资和切块下达投资三种方式。水利发展资金由财政部会同水利部负责管理，中央财政水利发展资金支持的项目有中小河流治理、地下水超采区综合治理、小型水库建设及除险加固、中型灌区节水改造等、水土保持工程建设、淤地坝治理、河湖水系连通、水利工程设施维修养护等，执行《水利发展资金管理办法》及专项管理办法。

在监督检查中发现，投资计划（资金预算）下达与转下达不合规问题主要表现为投资计划（资金预算）下达不及时、地方投资未分解下达、投资计划（资金预算）未全部下达等方面。

## 一、典型案例

**【案例 1】**

### 投资计划转下达不及时

华北地区某灌区续建配套与节水改造工程灌溉面积 32.0 万亩，某年度工程投资 5000.00 万元，总工期 1 年。主要建设内容为衬砌干渠 5.60km、支渠 8.21km，涵闸 45 座，桥涵 4 座，建设高效节水灌溉 1880 亩等。

检查中发现，2018 年 1 月，国家发展改革委、水利部下达该项目 2018 年度投资计划 5000.00 万元；某省发展改革委、水利厅于 3 月和 6 月分别转下达至某市该工程投资计划 5000.00 万元；某市发展改革委、水利局于 5 月和 7 月分别转下达至项目法人，转下达时间均超 10 个工作日的规定。不符合《大中型灌区续建配套节水改造项目建设管理办法》（发改农经〔2015〕3139 号）第十三条的规定。

**【法规标准依据】**

《大中型灌区续建配套节水改造项目建设管理办法》（发改农经〔2015〕3139 号）

第十三条　省级发展改革、水行政主管部门应在收到中央投资计划文件后 10 个工作日内将投资计划转发下达到具体项目，并明确省级和相关地方投资比例。

**【案例 2】**

## 地方投资计划未分解

东南地区某新建大型灌区工程设计灌溉面积为 37.81 万亩，主要建筑物为输水明渠、隧洞、倒虹吸、渡槽、节制闸、分水闸和退水闸等，干渠总长 144.67km，渠系建筑物 385 座。

检查中发现，2017 年 3 月，国家发展改革委、水利部下达某省该工程年度投资计划 80000.00 万元，其中中央投资 40000.00 万元、地方投资 40000.00 万元；4 月，某省发展改革委、水利厅转下达某市该投资计划，其中市县投资 40000.00 万元；5 月，某市发展改革委、水务局转下达项目法人该投资计划，但对市县投资 40000.00 万元未进行分解。不符合《关于切实加快重点水利项目建设进度的通知》（水规计〔2012〕416 号）第三条的规定。

**【法规标准依据】**

《关于切实加快重点水利项目建设进度的通知》（水规计〔2012〕416 号）

第三条　各地要明确地方配套投资责任，合理分担配套资金。应由省级承担的配套资金不得转移给市县，应由市级承担的配套资金不得转移给县。

**【案例 3】**

## 投资计划未全部转下达

中部地区某重大水利工程是一座以防洪为主、结合城镇供水和发电、兼顾灌溉的大（2）型水利枢纽工程，主要由混凝土重力坝、引水发电系统、坝后式发电厂房等组成，最大坝高 36.60m，水库总库容 1.57 亿 $m^3$，年均城镇供水 7025.00 万 $m^3$，设计灌溉面积 1.46 万亩，电站装机 2 万 kW。

检查中发现，国家发展改革委、水利部下达该工程 2016 年、2017

年、2018 年度投资计划累计 240000.00 万元，某省发展改革委、水利厅分 4 批转下达某市发展改革委、水利局，某市发展改革委、水利局仅将 2018 年度的 90000.00 万元投资计划转下达项目法人，尚有 150000.00 万元未转下达。不符合《下达 2016 年重大水利工程第一批中央预算内投资计划》（发改投资〔2016〕709 号）第一条和《下达 2017 年重大水利工程第一批中央预算内投资计划》（发改投资〔2017〕462 号）第一条的规定。

**【法规标准依据】**

《下达 2016 年重大水利工程第一批中央预算内投资计划》（发改投资〔2016〕709 号）

第一条　请抓紧落实地方投资和各项建设任务。对已经明确到具体项目的，自收到投资计划 10 个工作日内转发下达到项目建设单位；对需要进一步分解的，自收到投资计划 20 个工作日内分解落实到具体项目并转发下达到项目建设单位。

《下达 2017 年重大水利工程第一批中央预算内投资计划》（发改投资〔2017〕462 号）

第一条　抓紧转发下达投资计划。对本批计划中已经明确到具体项目的，请收到文后 10 个工作日内转发下达投资计划。对需要进一步分解的，请收到文后 20 个工作日内分解落实到具体项目并下达投资计划。

## 二、原因分析

1. 部分地方人民政府财政收入不足，水利建设资金投入缺口大，资金筹集困难。

2. 地方有关部门对及时、规范下达投资计划的严肃性、重要性认识不足，在分解、转下达、调整投资计划时，无视制度规定。

## 三、措施建议

1. 地方有关部门应当多渠道积极筹措水利工程建设资金，申请中央补助资金时应量力而行。

2. 地方水行政主管部门商请相关部门，采取切实可行的措施，在国家规定的时限内分解和转下达投资计划。

3. 项目法人应当主动与各相关部门沟通和协商，争取及时、足额落实地方建设资金，保证工程建设顺利实施。

## 第二节　投资控制与概算执行

水利工程项目实施过程中会受各种条件影响，因而对项目投资进行有效控制，及时发现并纠正投资不合规定的情况，保证工程建设目标得以全面实现尤为重要。《重大水利工程中央预算内投资专项管理办法》《水生态治理、中小河流治理等其他水利工程中央预算内投资专项管理办法》等制度，对水利建设资金使用提出了明确要求："各地区及有关单位要建立健全资金使用管理的各项规章制度，严格按照批准的工程建设内容、规模和标准使用资金，严禁转移、侵占和挪用工程建设资金。有关设计变更和概算调整应按规定履行报批手续。"

在监督检查中发现，在水利工程招投标和签订施工合同阶段，存在项目法人超概算确定招标控制价、调整设计参数、调整部分单项工程建设内容等问题；在实施阶段，存在未严格按照批复的建设内容、规模和标准组织实施等问题，且大多未按规定履行变更和调整手续。

### 一、典型案例

**【案例 1】**

#### 工程超概算、占用预备费

东南地区某水库是一座以防洪、灌溉为主的小（1）型水库，水库总库容 103.79 万 $m^3$。

检查中发现，该水库除险加固工程总投资 189.30 万元，其中建安工程投资 162.50 万元，独立费 20.31 万元。检查时，该工程已完工。实际完成投资196.63万元，其中建安工程投资168.22万元，独立费28.41万元，超概算7.33万元，占用预备费5.48万元，水保、环保设施未实施，项目法人未履行相关程序。不符合《关于加强中小型公益性水利工程建设项目法人管理的指导意见》（水建管〔2011〕627号，2017年水利部公告第32号修改）第八条的规定（此项规范性文件已于2021年3月废止，最新规范性文件要求：《水利工程建设项目法人管理指导意见》（水建设〔2020〕258号）第八条）。

**【法规标准依据】**

《关于加强中小型公益性水利工程建设项目法人管理的指导意见》（水建管〔2011〕627号，2017年水利部公告第32号修改）

（八）项目法人是中小型公益性水利工程建设的责任主体，其主要职责是：

1. 按照基本建设程序和批准的建设规模、内容、标准组织工程建设，按照有关规定履行设计变更的审核与报批工作。

现行规范性文件：《水利工程建设项目法人管理指导意见》（水建设〔2020〕258号）

（八）项目法人对工程建设的质量、安全、进度和资金使用负首要责任，应承担以下主要职责：

……

2. 按照基本建设程序和批准的建设规模、内容，依据有关法律法规和技术标准组织工程建设。

**【案例2】**

## 主体工程建安工程投资超概算

西南地区某重大水利工程是一座以防洪为主、兼顾发电和改善下游供水的新建大型水库工程，总库容1.15亿$m^3$，主要建筑物为大坝、河床式发电厂房、泄洪消能设施和鱼道等。

检查中发现，该工程大坝枢纽工程施工标合同金额为49165.95万元（其中建安工程投资46793.84万元、暂列金2372.11万元），建安工程批复概算46007.34万元，建安工程投资超概算786.50万元。项目法人未报原审批部门审查。不符合《工程建设项目施工招标投标办法》（2003年国家计委等7部委令第30号发布，2013年国家发展改革委等9部委令第23号修改）第六十四条的规定。

**【法规标准依据】**

《工程建设项目施工招标投标办法》（2003年国家计委等7部委令第30号发布，2013年国家发展改革委等9部委令第23号修订）

第六十四条 合同中确定的建设规模、建设标准、建设内容、合同价格应当控制在批准的初步设计及概算文件范围内；确需超出规定范围的，应当在中标合同签订前，报原项目审批部门审查同意。凡应报经审查而未报的，在初步设计及概算调整时，原项目审批部门一律不予承认。

**【案例3】**

## 未按批复的建设标准实施

东南某小（2）型水库除险加固工程，总库容12.30万$m^3$，主要建设内容为大坝防渗、拓宽加固溢洪道、拆除重建坝下涵管等。

检查中发现，该工程初步设计要求溢洪道重建进口段、陡槽段、消力池段，过流要达到净宽4.0m。检查时，溢洪道工程已完工，但仅对其中陡槽段、消力池段进行了重建，过流最大净宽2.7m。初步设计要求大坝采用黏土斜墙防渗、底宽3m，采用混凝土预制块护坡至坝顶、坝坡坡比1∶2.5。现场检查时上述两项已完工，但大坝黏土斜墙底宽仅2m，黏土斜墙填筑完成3361.56$m^3$，占概算工程量5393.10$m^3$的62.33%；上游护坡坡比改为1∶2.0，混凝土预制块、砂砾石垫层完成工程量均为150.90$m^3$，占概算工程量336.60$m^3$的44.83%，项目法人未履行相关程序。不符合《关于加强中小型公益性水利工程建设项目法人管理的指导意见》（水建管〔2011〕627号，2017年水利部公告第32号修改）第八条的规定（此项规范性文件已于2021年3月废止，最新规范性文件要求：《水利工程建设项目法人管理指导意见》（水建设〔2020〕258号）第八条）。

**【法规标准依据】**

《关于加强中小型公益性水利工程建设项目法人管理的指导意见》（水建管〔2011〕627号，2017年水利部公告第32号修改）

第八条　项目法人是中小型公益性水利工程建设的责任主体，其主要职责是：

1. 按照基本建设程序和批准的建设规模、内容、标准组织工程建设，按照有关规定履行设计变更的审核与报批工作。

现行规范性文件：《水利工程建设项目法人管理指导意见》（水建设〔2020〕258号）

（八）项目法人对工程建设的质量、安全、进度和资金使用负首要责任，应承担以下主要职责：

……

2. 按照基本建设程序和批准的建设规模、内容，依据有关法律法规和技术标准组织工程建设。

**【案例4】**

## 超规模建设管理用房

西南地区某中型水库工程总库容1228.81万$m^3$，设计年供水量975.10万$m^3$，主要建设内容为大坝、表孔泄洪隧洞、输水隧洞、引水工程和输水工程。其中批复管理用房建筑面积1010.00$m^2$、概算投资306.85万元。

检查中发现，该管理用房已完工，完成建筑面积1239.35$m^2$，超批复面积229.35$m^2$，支付工程款467.96万元，超概算161.11万元。项目法人未履行报批手续。不符合《政府投资条例》（国务院令第712号）第二十三条的规定。

**【法规标准依据】**

《政府投资条例》（国务院令第 712 号）

第二十三条 政府投资项目建设投资原则上不得超过经核定的投资概算。

因国家政策调整、价格上涨、地质条件发生重大变化等原因确需增加投资概算的，项目单位应当提出调整方案及资金来源，按照规定的程序报原初步设计审批部门或者投资概算核定部门核定；涉及预算调整或者调剂的，依照有关预算的法律、行政法规和国家有关规定办理。

**【案例 5】**

## 水保、环保设施未实施

东北某主要支流治理工程治理河长 13.14km，主要建设内容为护坡 8.84km、河道疏浚 4.30km、尾砂覆盖 2.76 万 $m^2$，尾砂填埋 13.95 万 $m^3$，钢筋混凝土挡墙及砌石挡墙 551m，拦河坝加固 1 座。

检查中发现，工程于 2018 年 10 月 1 日开工建设，2019 年 12 月完工验收。截至 2020 年 9 月 18 日检查时，水保、环保设施未实施，涉及资金 860 万元。不符合《中华人民共和国水土保持法》（2010 年主席令第 39 号）第二十七条和《建设项目环境保护管理条例》（2017 年国务院令第 682 号）第十六条的规定。

**【法规标准依据】**

《中华人民共和国水土保持法》（2010 年主席令第 39 号）

第二十七条 依法应当编制水土保持方案的生产建设项目中的水土保持设施，应当与主体工程同时设计、同时施工、同时投产使用。

《建设项目环境保护管理条例》（2017 年国务院令第 682 号）

第十六条 建设单位应当将环境保护设施建设纳入施工合同，保证环境保护设施建设进度和资金，并在项目建设过程中同时组织实施环境影响报告书、环境影响报告表及其审批部门审批决定中提出的环境保护对策措施。

【案例6】

## 征地移民投资超概算

西南地区某中型水库工程，总库容5317万 $m^3$，由枢纽工程及渠系工程组成，主要建设内容为黏土心墙石渣坝、溢洪道、输水隧洞、导流泄洪隧洞，输水干渠长44.142km。

该工程批复征地移民概算投资12603.77万元。现场检查时，已完成征地移民投资21306.33万元，超概算8702.56万元，占批复征地移民概算投资的69.05%；批复征地补偿面积5766.00亩，完成4035.66亩，尚有1730.34亩未完成；批复移民搬迁18户70人，完成搬迁4户14人，尚有14户56人搬迁未完成。征地移民后续任务量较大。项目法人未履行报批手续。不符合《政府投资条例》（2019年国务院令第712号）第二十三条的规定。

**【法规标准依据】**

《政府投资条例》（2019年国务院令第712号）

第二十三条　政府投资项目建设投资原则上不得超过经核定的投资概算。

因国家政策调整、价格上涨、地质条件发生重大变化等原因确需增加投资概算的，项目单位应当提出调整方案及资金来源，按照规定的程序报原初步设计审批部门或者投资概算核定部门核定；涉及预算调整或者调剂的，依照有关预算的法律、行政法规和国家有关规定办理。

## 二、原因分析

1. 项目法人投资控制意识不强，初步设计概算执行不力，在项目实施过程中，存在随意调整部分建设规模、内容、标准的现象。对确需调整的，未能及时报批。

2. 部分项目勘察、设计深度不够，工程占地和淹没区实物调查不深入；项目实施时，较初步设计时主要材料价格上涨较多。

3. 国家政策调整导致部分工程投资超概算，如《大中型水利水电工程建设征地补偿和移民安置条例》在 2017 年做了重大修订，对征地移民的安置方式、补偿形式及其标准进行了调整。征地补偿标准由原来的按照前三年平均产值的 10～16 倍，逐步过渡调整到按照各省（自治区、直辖市）公布的区片综合地价补偿，投资增加较大。

### 三、措施建议

1. 项目法人应当加强投资控制和概算执行力度，严格按照批复的建设规模、内容、标准组织工程建设，控制建设管理费使用，对确需调整的，按要求及时履行相关审批手续。

2. 设计单位应当增加地质勘测、水工模型试验等前期工作深度，提高设计质量，合理确定设计参数，尽量减少设计变更。

3. 地方有关部门应当高度重视水利建设项目征地移民工作，合理确定投资可调整范围，对确需调整增加的，要积极落实资金，保证工程建设顺利实施，确保被征迁方正当利益。

## 第三节　工程建设进度

工程按计划推进、如期完工，可避免建设资金沉淀、工程成本增加，及时发挥工程效益。

《关于加快重大水利工程建设的指导意见》《加快推进水利工程建设实施意见》等文件，对加快中央投资计划执行进度和加快推进水利工程建设进度都提出明确要求。要求建设单位认真梳理关键环节和控制节点，优化施工组织设计，提高管理水平，在确保工程质量和安全的前提下，全面推进工程建设进度，尽快形成实物工作量，避免建设资金沉淀。对于当年安排的中央水利投资计划，在年底前，重大水利工程年度中央投资计划完成率要达到 90％以上，其他水利工程年度中央投资计划完成率要达到 80％以上。

在监督检查中发现，工程建设进度滞后、合同工期滞后、移民征地进度不满足工程建设需要等问题比较普遍。

## 一、典型案例

**【案例 1】**

### 建设进度严重滞后

西南地区某新建大型灌区工程设计灌溉面积 105.32 万亩，主要建设内容为某水库至灌区取水工程、干渠、囤蓄水库、灌区骨干渠系及配套建筑物等。

检查中发现，该工程于 2013 年 6 月 26 日开工，总工期 47 个月；2019 年 3 月，该工程投资计划 491365.00 万元已全部下达。截至 2019 年 4 月检查时，已超总工期 23 个月，累计完成投资 398587.97 万元，占下达投资计划的 81.12%，尚有 92777.00 万元未完成。不符合《关于加快重大水利工程建设的指导意见》（发改农经〔2017〕1462 号）第三条的规定。

**【法规标准依据】**

《关于加快重大水利工程建设的指导意见》（发改农经〔2017〕1462 号）

第三条　加快中央投资计划执行进度。认真梳理关键环节和控制节点，优化施工组织设计，提高管理水平，在确保工程质量和安全的前提下，全面推进工程建设进度，尽快形成实物工作量，避免建设资金沉淀。

**【案例 2】**

### 合同工期严重滞后

西南地区某新建中型水库工程以供水、灌溉为主，总库容 1414 万 $m^3$，由水库枢纽和灌区工程组成，主要建设内容为黏土心墙石渣坝、泄洪隧洞、放空洞、取水隧洞；2 条干渠总长 36.40km、9 条支渠及渠系建筑物。

检查中发现，该工程水库枢纽工程于2016年12月2日开工，合同工期1080天，完工日期应为2019年11月30日。截至2019年12月检查时，完成投资10718.93万元，占总投资的30.00%，大坝填筑高度31.65m（设计坝高72.40m），泄洪隧洞、取水隧洞、上坝公路尚未完成，金属结构及其机电设备尚未安装。不符合《中华人民共和国合同法》（主席令第15号）第六十条规定（此项法律已于2021年1月废止，最新法律要求：《中华人民共和国民法典》（2020年主席令第45号）第五百零九条）。

**【法规标准依据】**

《中华人民共和国合同法》（主席令第15号）

第六十条 当事人应当按照约定全面履行自己的义务。当事人应当遵循诚实信用原则，根据合同的性质、目的和交易习惯履行通知、协助、保密等义务。

现行法律：《中华人民共和国民法典》（2020年主席令第45号）

第五百零九条 当事人应当按照约定全面履行自己的义务。当事人应当遵循诚实信用原则，根据合同的性质、目的和交易习惯履行通知、协助、保密等义务。

**【案例3】**

## 征地拆迁进度不满足工程建设需要

西南地区某新建大型灌区工程由引水工程和提水工程组成，设计灌溉面积59.2万亩，主要建设内容为进水口、总干管43.93km、北干管47.03km、南干管26.97km；2座泵站、干管20.70km；输水支管208.83km、一级高位水池136座、骨干一级提水泵站7座。

检查中发现，该工程于2018年12月开工，总工期48个月。2020年5月检查时，2019年完成征地3688.53亩，占年度征地计划6682.22亩的55.2%；征地滞后导致部分总干管、总干管分支管、南干管分支管、2座调压井、15座高位水池等无法开工。不符合《水利工程建设项目管理规定（试行）》（水建〔1995〕128号，2016年水利部令第48号修改）第十三条的规定。

**【法规标准依据】**

《水利工程建设项目管理规定（试行）》（水建〔1995〕128号，2016年水利部令第48号修改）

第十三条　主体工程开工，必须具备以下条件：

7. 施工准备和征地移民等工作满足主体工程开工需要。

## 二、原因分析

1. 项目法人进度控制不到位，对关键线路工程工期延误处置不力；针对施工准备和征地移民等工作，请求政府有关部门协调力度不够、效果不理想。

2. 部分地方人民政府财力紧张，不能及时足额落实地方建设资金，影响工程建设。

3. 征地拆迁和移民安置工作推进困难，阻工事件时有发生。

4. 部分项目勘察、设计深度不够，工程实施过程中设计变更偏多，个别项目地质情况复杂、处理难度大，导致工期延迟。

## 三、措施建议

1. 项目法人应当提高责任意识，制定切实可行的年度工程实施计划，确保重要节点如期完工；加强与政府有关部门沟通汇报，及时完成征地拆迁任务。

2. 项目法人和主管部门应当积极争取地方政府及时足额落实地方资金，规范和畅通项目融资渠道，采取鼓励和吸引社会资本，特别是民间资本参与工程建设运营等措施，保障工程建设资金需求。

3. 设计单位应当保证设计质量，增加前期工作深度，及时提供施工图，设计代表应常驻工地，随时解决工程施工中的有关设计问题。

4. 监理单位应当切实履行好职责，为项目法人把好进度、投资、质量关，督促施工单位在确保工程质量的前提下加快施工进度。

5. 施工单位应当加强自身管理，制定并执行好施工组织计划，高度重视重要节点，调配好人员、设备，及时采取赶工措施，确保在合同工期内完成施工任务。

## 第四节　工程计量与审核

规范计量、据实结算，才能真实反映工程投资完成和工程进展情况。《水利工程施工监理规范》《水利水电工程标准施工招标文件》《水利水电工程施工测量规范》在工程计量与审核方面都做出了明确规定，项目法人、施工和监理单位必须认真执行。

在监督检查中发现，工程计量与审核存在的主要问题有：开挖工程动工前、开挖工程进行中、开挖工程结束后未实测原始工程地形图、收方地形图、竣工地形图，工程量测量成果未报审，已完工程量的计量、计价资料不真实、不完整，工程进度付款申请、审核汇总表未按规范填写等。

### 一、典型案例

**【案例 1】**

#### 开工前未进行原始地形测绘

西北地区某泵站更新改造工程总装机容量 1565kW，主要建设内容为增加水泵机组 5 台，加固护岸等。

检查中发现，施工单位进场后，未根据设计单位移交的测量控制点对工程范围内原始地貌进行复测，监理单位也未监督施工单位完成原始地形测绘。不符合 SL 52—2015《水利水电工程施工测量规范》第 1.0.3 条和 SL 288—2014《水利工程施工监理规范》第 6.4.3 条的规定。

**【法规标准依据】**

SL 52—2015《水利水电工程施工测量规范》

1.0.3　施工测量工作应包括下列内容：

1　根据工程施工总布置图和有关测绘资料，布设施工控制网。

2　针对施工各阶段的不同要求，进行建筑物轮廓点的放样及其检查工作。

SL 288—2014《水利工程施工监理规范》

6.4.3　工程计量应符合下列规定：

2　工程计量应符合以下程序：

1）工程项目开工前，监理机构应监督承包人按有关规定或施工合同约定完成原始地形的测绘，并审核测绘成果。

**【案例2】**

## 结算工程量计量不实

华南地区某中型水闸除险加固工程，主要建设内容为加高加固闸墩；重建工作桥和启闭机室，更换闸门和启闭设施；加固闸底板，改造上游铺盖，新设防冲槽；更换船闸上闸首及启闭机设施，完善水闸安全监测设施等。

检查中发现，该工程监理单位共进行进度付款签证4次，累计签证工程进度款956.64万元，但付款签证中无完成工程量的实测计算断面、计算过程等计量资料，全部按合同工程量进行签证结算；已结算工程量中部分建设内容如工作桥及启闭机装修，管理楼、配电房装修，启闭机室及闸坝照明安装等未实施。不符合SL 52—2015《水利水电工程施工测量规范》第7.5.1条和《水利水电工程标准施工招标文件》（2009年版）通用合同条款第17.1.4条的规定。

**【法规标准依据】**

SL 52—2015《水利水电工程施工测量规范》

7.5.1　开挖工程动工前，应实测开挖区的原始断面图或地形图；开挖过程中，应定期测量收方断面或地形图；开挖工程结束后，应实测竣工断面图或竣工地形图。各阶段的断面图或地形图均为工程计量的依据。

《水利水电工程标准施工招标文件》(2009 年版)

17.1.4 (1) 已标价工程量清单中的单价子目工程量为估算工程量。结算工程量是承包人实际完成的,并按合同约定的计算方法进行计量的工程量。

**【案例 3】**

## 工程价款结算计量无依据

西北地区某新建重大水利工程,为以防洪为主,兼顾供水、发电和改善生态的大型水利工程,总库容 32.76 亿 $m^3$,年总供水量 4.35 亿 $m^3$,主要建筑内容为混凝土双曲拱坝、泄水消能系统、引水发电系统、库区防渗工程等。

检查中发现,该工程主体工程施工合同为单价合同,某施工单位报审的工程进度付款申请单中,直接按合同工程量计量结算,未提供实际完成的工程量签证资料,如实测计算断面、工程量计算说明、计算简图及计算过程等,监理单位进行了签认。截至 2020 年 5 月检查时,项目法人已累计结算付款 1628.21 万元。不符合《水利水电工程标准施工招标文件》(2009 年版)通用合同条款第 17.1.4 条的规定。

**【法规标准依据】**

《水利水电工程标准施工招标文件》(2009 年版)

17.1.4 (1) 已标价工程量清单中的单价子目工程量为估算工程量。结算工程量是承包人实际完成的,并按合同约定的计算方法进行计量的工程量。

**【案例 4】**

## 工程计量签证单填写不规范

东南地区某主要支流治理工程治理河长 10.52km,主要建设内容为加固堤防 10.52km，新建水闸 1 座，重建水闸 3 座，新建泵站 2 座。

检查中发现，该工程施工 1 标结算工程款 3819.17 万元、施工 2 标结算工程款 3676.86 万元，监理单位、项目法人均已审签，但上述 2 个标段的付款申请单无已完工程的计量、计价资料。不符合 SL 288—2014《水利工程施工监理规范》第 6.4.5 条的规定。

**【法规标准依据】**

SL 288—2014《水利工程施工监理规范》

6.4.5　工程进度付款应符合下列规定：

2　工程进度付款申请单应符合下列规定：

1）付款申请单填写符合相关要求，支持性证明文件齐全。

2）申请付款项目、计量与计价符合施工合同约定。

3）已完工程的计量、计价资料真实、准确、完整。

## 二、原因分析

1. 施工单位对工程计量与审核未严格执行合同约定，将单价合同视为总价合同办理。

2. 监理人员业务素质不高，对施工单位提交的工程计量报验单和有关计量资料审核不认真。

3. 项目法人内控制度不健全，结算时把关不严，对施工单位按合同工程量、未实施建设内容进行工程进度款结算的不规范做法，未及时予以纠正。

4. 地方有关部门在对水利建设项目资金管理及使用开展的相关审计监督工作中，对结算工程量计量不实等问题督促查处不力。

## 三、措施建议

1. 施工单位应当严格执行合同预定，规范工程量计量、填报工作，如实填报工程计量报验单，完整提供相关资料，并报监理单位审核确认。

2. 监理单位应当在开工前监督施工单位完成原始地形测绘，并审核其成果；对施工单位提交的计量报验单和相关计量资料进行认真复核，确定工程量，据此计算工程价款。

3. 项目法人应当注重健全相关内控制度，明确专人负责工程计量与价款结算工作，监督施工、监理单位规范履职。

4. 地方水行政主管部门应当加大对违反计量支付程序、结算支付不实等问题的处罚力度。加强对计量员、统计员及审核人员的专业技术培训，提高专业水平。

## 第五节　水利统计管理

统计数据真实、准确、完整，可以据实反映工程投资完成情况及工程建设形象。《中华人民共和国统计法》规定国家机关、企业事业单位和其他组织以及个体工商户和个人等统计调查对象，必须依照本法和国家有关规定，真实、准确、完整、及时地提供统计调查所需的资料，不得提供不真实或者不完整的统计资料，不得迟报、拒报统计资料；《水利统计管理办法》规定纳入水利统计范围的国家机关、企业事业单位、其他组织以及个体工商户和个人等统计调查对象，应当真实、准确、完整、及时地提供水利统计调查所需资料，不得虚报、瞒报、迟报、拒报水利统计资料。

在监督检查中发现，目前水利统计数据主要存在上报数据与实际数据不相符的问题。

### 一、典型案例

**【案例】**

**上报的完成投资存在较大误差**

西南地区某新建大型灌区工程设计灌溉面积 37.81 万亩，主要建筑物为输水明渠、隧洞、倒虹吸、渡槽、节制闸、分水闸和退水闸等，干渠总长 144.67km，渠系建筑物 385 座。

检查中发现，项目法人在统计直报系统中填报 2019 年度完成投资

80000.00万元，现场检查核实数48336.52万元，多报31663.48万元、误差率65.5%。不符合《水利统计管理办法》（水规计〔2014〕322号）第七条的规定。

**【法规标准依据】**

《水利统计管理办法》（水规计〔2014〕322号）

第七条　纳入水利统计范围的国家机关、企业事业单位、其他组织以及个体工商户和个人等统计调查对象，应当真实、准确、完整、及时地提供水利统计调查所需资料，不得虚报、瞒报、迟报、拒报水利统计资料。

## 二、原因分析

1. 项目法人为了达到重大水利工程年度中央水利投资计划完成90%以上、其他水利工程完成80%以上的要求，虚报完成投资额，存在主观故意。

2. 项目法人对统计工作不重视，统计制度不健全，未建立工程管理统计台账或内容不完整，按照工程形象进度进行估算填报。

3. 部分统计人员对统计指标的理解偏差，也是造成统计数据失真的重要因素，如在未产生费用的情况下，将预订的材料和设备按照合同价计入完成投资，将工程预付款和拨付地方人民政府的征地移民投资全列入完成投资等。

## 三、措施建议

1. 项目法人应当严格遵守有关统计法规、制度，杜绝故意虚报行为。制定统计报表制度，建立并完善统计台账，依规如实填报，确保资料真实、准确和完整。

2. 项目法人应当合理配备人员，督促统计人员加强专业知识的学习，及时组织开展业务培训。

3. 各级水行政主管部门应当加大对项目法人直报数据的审核力度，

对统计数据不实问题严肃问责。

## 第六节 财 政 评 审

### 一、典型案例

**【案例】**

**招标控制价评审核减率高**

东南地区某新建重大水利工程为一座以供水为主的大（2）型水资源配置工程，主要建设内容为拦河闸工程，引水工程由泵站、引水管道、引水隧洞组成，输水工程由取水泵站、输水隧洞、输水管道组成，输水线路总长 181.58km。

检查中发现，2017—2019 年，经项目法人申报，某市财政投资评审中心分别对该工程 1～6 标段、泵站泵组及其附属设备采购、安装等 9 个项目进行了评审，并分别出具招标控制价评审报告。9 个项目批准的概算 359503.13 万元，评审结论价 266519.67 万元，相对概算核减 92983.46 万元，核减率 25.86%，评审报告未对审定后项目概算投资额与报审投资和批复概算进行比较，未分析说明审减原因。不符合《财政投资项目评审操作规程（试行）》（财办建〔2002〕619 号）第四十六条的规定。

**【法规标准依据】**

《财政投资项目评审操作规程（试行）》（财办建〔2002〕619 号）

第四十六条　评审报告……

……

（二）正文。

3. 评审依据。本规程第二章所规定的评审依据。……

5. 评审结论。项目预算评审结果应按本规程规定的评审内容拟定，并对审定后项目预算投资额与报审投资和批复概算或调整概算进行比较，分析说明审减（增）原因；……

## 二、原因分析

1. 地方财政投资评审部门在评审时，应依据《水利工程设计概（估）算编制规定》、采用水利部定额标准，但在实际操作中采用了地方定额标准。

2. 在工程概算已经水利部核定后，项目法人在递交财政评审资料时，错误将地方标准作为评审依据上报，在一定程度上误导了财政评审部门。

3. 部分地方人民政府通过财政评审压减项目投资，缓解地方财政压力。如中南地区某县在《县财政投资评审管理实施办法》中明确规定：对水利工程建安工程投资，将中介机构的审核造价（1000 万元以上的）再下浮 10%作为招投标控制价（预算评审投资上限值）；与项目建设相关的勘察、设计、监理等服务性费用按预算编制总价分服务单位资质档次分别下浮 40%、50%、60%作为采购、招标控制价。

## 三、措施建议

1. 当财政评审结论与报审金额差距较大时，项目法人应当会同设计单位等参建单位对施工图工程量计算、预算定额选用及材料价格等进行再次核定，并与财政评审结论进行比较，确定财审后工程投资能否满足工程建设需要。

2. 地方水行政主管部门应当商项目财政评审部门，根据有关规定对项目预算审核情况进行补充说明、完善审批报告，确保预算执行情况符合工程建设实际。

# 相关法律法规、规范性文件和技术标准

1.《中华人民共和国统计法》（2009 年主席令第 15 号）

2.《中华人民共和国水土保持法》（2010 年主席令第 39 号）

3.《中华人民共和国合同法》（主席令第 15 号）[此项规范性文件已于 2021 年 1 月废止，最新规范性文件要求：《中华人民共和国民法典》（2020 年主席令第 45 号）]

4.《建设项目环境保护管理条例》(2017 年国务院令第 682 号)

5.《政府投资条例》(2019 年国务院令第 712 号)

6.《工程建设项目施工招标投标办法》(2003 年国家计委等 7 部委令第 30 号发布，2013 年国家发展改革委等 9 部委令第 23 号修订)

7.《水利工程建设项目管理规定（试行）》(水建〔1995〕128 号，2016 年水利部令第 48 号修改)

8.《财政投资项目评审操作规程（试行）》(财办建〔2002〕619 号)

9.《水利水电工程标准施工招标文件》(2009 年版)

10.《关于切实加快重点水利项目建设进度的通知》(水规计〔2012〕416 号)

11.《水利统计管理办法》(水规计〔2014〕322 号)

12.《中央预算内投资项目日常监管实施办法》(发改稽察规〔2017〕2276 号)

13.《加快推进水利工程建设实施意见》(水规计〔2015〕105 号)

14.《大中型灌区续建配套节水改造项目建设管理办法》(发改农经〔2015〕3139 号)

15.《下达 2016 年重大水利工程第一批中央预算内投资计划》(发改投资〔2016〕709 号)

16.《下达 2017 年重大水利工程第一批中央预算内投资计划》(发改投资〔2017〕462 号)

17.《关于加快重大水利工程建设的指导意见》(发改农经〔2017〕1462 号)

18.《水利发展资金管理办法》(财农〔2019〕54 号)

19.《关于切实加强水利资金使用监督管理的意见》(水监督〔2019〕130 号)

20.《重大水利工程中央预算内投资专项管理办法》(发改农经规〔2019〕2028 号)

21.《水生态治理、中小河流治理等其他水利工程中央预算内投资专项管理办法》(发改农经规〔2019〕2028 号)

22.《农村饮水安全巩固提升工程中央预算内投资专项管理办法（试

行）》（发改农经规〔2019〕2028 号）

23.《关于加强中小型公益性水利工程建设项目法人管理的指导意见》[水建管〔2011〕627 号，2017 年水利部公告第 32 号修改，此项规范性文件已于 2021 年 3 月废止，最新规范性文件要求：《水利工程建设项目法人管理指导意见》（水建设〔2020〕258 号）]

24. SL 288—2014《水利工程施工监理规范》

25. SL 52—2015《水利水电工程施工测量规范》

# 第四章　资金使用与管理

水利基本建设资金使用与管理是项目建设单位依据《中华人民共和国会计法》《基本建设财务规则》《水利基本建设项目竣工财务决算编制规程》等法律、法规、标准及项目批复的初步设计概算，在充分考虑财务风险的前提下，筹措和使用建设资金、规范和控制建设成本、办理竣工财务决算、反映项目建设成果的一系列经济活动。它涵盖项目建议书、可行性研究报告、施工准备、初步设计、建设实施、生产准备、竣工验收和后评价8个阶段。

在监督检查中发现，涉及资金使用与管理的主要问题有建设单位会计基础工作、资金筹集与到位、建设资金管理、建设资金使用、竣工财务决算五类。本章着重从此五方面挑选典型案例，进行原因分析，并提出措施建议。

## 第一节　会计基础工作

会计基础工作主要包括会计机构设置、会计人员配备、内控制度建设以及会计核算和会计监督，是做好资金使用与管理的基础条件。近年来，随着《中华人民共和国会计法》《会计基础工作规范》的修订和《政府会计制度》的实施，地方各级水行政主管部门和项目建设单位对会计基础工作日益重视，水利建设项目会计基础工作越来越规范。

在监督检查中发现，会计基础工作方面主要存在如下问题：未执行《政府会计制度》，未按项目单独核算，会计核算不规范，会计机构不健全和人员配备不满足核算要求，内控制度不健全，未按规定取得原始凭证，成本结转不及时以及会计资料归档不及时等。

## 一、典型案例

**【案例 1】**

### 未执行政府会计制度

西南地区某中型水库属新建项目，水库总库容为 1159.5 万 $m^3$，设计灌溉面积 2.16 万亩，年供灌溉用水 971.5 万 $m^3$、生活用水 135 万 $m^3$，主要建设内容包括大坝工程、溢洪道工程、输水导流隧洞工程和灌溉渠系工程。工程总投资 46005.38 万元，总工期 45 个月。

检查中发现，某水库项目建设管理局于 2017 年组建，是水务局二级事业单位，负责该水库工程的会计核算。财政部明确要求，从 2019 年 1 月 1 日起，行政事业单位执行《政府会计制度》（财会〔2017〕25 号）。2020 年 5 月检查时，该项目会计核算仍执行《国有建设单位会计制度》。不符合《关于贯彻实施政府会计准则制度的通知》（财会〔2018〕21 号）第一条的规定。

**【法规标准依据】**

《关于贯彻实施政府会计准则制度的通知》（财会〔2018〕21 号）

一、关于实施内容、实施时间和范围

……

（二）实施时间和范围。

自 2019 年 1 月 1 日起，政府会计准则制度在全国各级各类行政事业单位全面施行。执行政府会计准则制度的单位，不再执行《事业单位会计准则》……《国有建设单位会计制度》（财会字〔1995〕45 号）等制度。

**【案例 2】**

### 未按项目单独核算

东部地区某灌区续建配套与节水改造工程 2019 年度项目概算工程总

投资 37793.00 万元，包括 11 个单项工程，治理渠道总长 110.48km。主要建设内容为渠堤加培 43.74km、渠道整治 36.77km、渠道清淤 4.30km、渠道护砌 55.75km、白蚁防治 60.19 万 $m^2$、修建堤顶防汛道路 70.36km，渠系建筑物拆除重建 153 座、加固 47 座等。

检查中发现，某灌区续建配套与节水改造项目建设管理办公室（属某水库管理局临时成立的项目建设机构，以下简称建设单位）负责该项目核算。2019 年 1 月 1 日开始实施《政府会计制度》以后，一个单位只能一个账套核算，不再要求对建设项目单独设账套。2020 年 8 月，建设单位按 11 个单项工程对应设置了 11 个账套，并分别核算，未按一个项目核算。不符合《基本建设财务规则》（2016 年财政部令第 81 号）第七条和《政府会计制度——行政事业单位会计科目和报表》（财会〔2017〕25 号）第四条的规定。

**【法规标准依据】**

《基本建设财务规则》（2016 年财政部令第 81 号）

第七条　项目建设单位应当做好以下基本建设财务管理的基础工作：

……

（二）按项目单独核算，按照规定将核算情况纳入单位账簿和财务报表。

《政府会计制度——行政事业单位会计科目和报表》（财会〔2017〕25 号）

第四条　单位对基本建设投资应当按照本制度规定统一进行会计核算，不再单独建账，但是应当按项目单独核算，并保证项目资料完整。

## 二、原因分析

1. 该水库建设管理局属临时机构，尚未纳入财政预算编制，非一级独立预算执行单位，建设单位认为如执行政府会计制度，则要并入上级主管单位部门预算套账核算，该项目会计人员将被调整，基于项目会计人员有多年的基本建设财务管理经验，且该项目计划于2020年建成后办理竣工财务决算，因此未执行《政府会计制度》，仍沿用《国有建设单位会计制度》。

2. 上级主管单位财务部门不愿意将基建投资项目合并部门预算账套进行管理。由于建设单位基建投资项目年度投资计划与上级主管部门年度部门预算批准客观上存在时间差，建设单位年度投资计划由发展改革委当年下达，上级主管部门年度部门预算早在上一年度已经编制确定，因此水务局将发展改革委下达的项目年度计划投资纳入当年部门预算统一核算后，单位部门预算与决算数据会产生较大偏差，直接影响单位部门预算编制和执行情况的考核成绩。

3. 按照规定，一个批复概算文本内的建设项目，原则上按一个项目核算，建设单位（灌区建管办）会计人员没有认真研究批复的概算文本，加之对工程专业知识不熟，对单项工程、单位工程概念模糊，因此按11个单项工程分别设置专账核算；同时，由于水库管理局出于项目年度投资计划下达与年度部门预算编制时间不一致，部门预算编制和执行会产生较大偏差的原因，也不积极将灌区项目并入水库管理局大账核算。

## 三、措施建议

1. 建设单位会计人员应当自觉遵守财经法规，不断加强会计业务知识学习，严格按照《政府会计制度》《政府会计准则制度解释第2号》建账核算。同时，从事基本建设项目核算的会计人员应当了解并熟悉有关工程概算知识，尽可能地深入工地现场，了解工程建设进度和工程特征，以利项目财务管理和项目核算工作。

2. 项目主管单位在编制部门预算时，应当组织召集项目投资相关部门，科学预测项目年度投资的可能性和投资金额，并将项目年度投资预估数纳入部门预算，当项目年度投资计划下达后，一旦出现较大偏差，应及时向财政部门做好部门预算调整说明工作，从根本上解决部门预算与决算数出现较大偏差问题。

3. 上级主管单位计划投资管理部门和财务部门应当加强与发改部门、

财政部门的沟通协调，及时将辖区内项目投资计划上报发改部门、财政部门，将有关投资计划和项目前期工作进展信息及时反馈有关建设单位，以利建设单位做好项目开工的前期准备工作和部门预算的编制工作；上级主管部门应当加强对建设单位基本建设项目会计从业人员业务知识培训和指导，经常性地开展系统内会计基础工作规范化检查和考评，督促建设单位规范会计基础工作。

## 第二节　资金筹集与到位

资金及时足额到位是水利工程建设项目顺利实施的重要保障。水利建设项目来源主要包括中央财政资金、地方各级财政资金、银行贷款和社会资金。随着《政府投资条例》《重大水利工程中央预算内投资专项管理办法》《水利发展资金管理办法》等法规制度陆续出台，水利基本建设项目资金保障程度越来越高。

在监督检查中发现，资金筹集与到位方面主要存在如下问题：地方建设资金未足额到位或未到位，未合理控制项目筹资成本，资金筹措不规范，利用社会融资项目资本金长期不到位等。

### 一、典型案例

**【案例】**

**地方建设资金未足额到位**

西北地区某大型骨干水源配套灌区工程，设计灌溉面积 35.09 万亩，主要建设内容为新建 3 座小（1）型水库及配套干渠、输水管线等连通工程，骨干水源水库的 25 条配套支渠，6 座提水泵站等。工程所在地跨 3 个县（市）。

检查中发现，2017—2019 年国家发展改革委累计下达该项目投资计划 200000.00 万元，其中中央投资 120000.00 万元，地方投资 80000.00 万元，截至 2020 年 5 月，累计到位资金 150000.00 万元，中央资金 120000.00 万元全部到位，地方建设资金 30000.00 万元（其中省级

20000.00万元，A市5000.00万元，B县4000万元，C县1000.00万元），到位率37.50%，尚有50000.00万元未到位；累计完成投资154583.20万元，占到位资金的103.06%，地方资金不到位已影响工程建设进度。不符合《重大水利工程中央预算内投资专项管理办法》（发改农经规〔2019〕2028号）第十八条的规定。

**【法规标准依据】**

《重大水利工程中央预算内投资专项管理办法》（发改农经规〔2019〕2028号）

第十八条　各地在转发、分解下达中央预算内投资计划时要加强财力统筹，及时足额落实和到位地方建设资金。要按照中央有关要求，严格落实国家在贫困地区安排的公益性建设项目取消县级和西部连片特困地区地市级建设资金的政策，除中央预算内补助投资外，切实落实省市级建设资金，确保项目地方投资及时到位。

## 二、原因分析

1. 地方建设资金不能足额到位是影响中西部水利项目建设的重要因素。该水源配套灌区工程项目所在地属西北经济欠发达省份，地方水行政主管部门为补齐水利工程短板，积极争取项目建设，但未充分考虑地方财力，这一既积极争取水利项目又没财力支撑的突出矛盾，是造成地方资金不能足额到位主要原因。

2. 所建水源配套灌区工程项目受益区域涉及3个县（市），建设单位与相关地方政府事权划分不明晰，由各地方政府应分摊的地方投资部分难以划清，加之个别地方政府对政绩不明显的公益性水利项目不积极，导致地方建设资金落实困难。

3. 该水源配套灌区工程项目属国家发展改革委审批的重大项目，中央资金年度投资计划下达与地方年度资金预算客观上存在时间差，地方财政未能将地方建设资金纳入当年地方财政预算，是造成地方建设资金未足额落实到位的又一原因。

4. 水库项目初步设计概算批复后，建设单位未进行项目建设期各年度资金需求测算，为推动项目开工，在中央预算内投资计划未下达的情况下，通过借款启动征地移民赔付工作，致使前期借款超计划；同时建设单位建管经验不足，没有编制年度实施计划并组织实施，造成当年中央和省级资金“扒窝”以及盲目拨付给地方征地移民机构的资金大量闲置。

5. 地方政府投融资平台的影响。出于地方利益的考虑，建设单位没有直接向金融机构贷款而是与地方政府成立的投融资平台公司签订借款合同，增加了筹资成本（融资服务费）。

## 三、措施建议

1. 水行政主管部门和建设单位应当积极争取地方政府支持，努力为项目顺利实施并发挥效益筹措资金。在项目立项时，科学进行地方资金能否到位的可行性分析，对预测地方资金不能到位的项目要果断“刹车”，避免因地方资金不到位而形成“半拉子”工程。

2. 水行政主管部门应当将地方水利项目所需资金纳入地方财政预算，严格遵守地方资金到位承诺，为地方水利项目建设提供强有力的支撑。

3. 水行政主管部门和建设管理单位应当协商地方政府，按事权划分原则，对跨地域的公益性水利项目，应当充分考虑地方财政状况和受益实际，明确各地方政府资金投资比例。

4. 建设单位应当加强征地移民补偿资金拨付的管理，要以移民监督评估机构签审的实物补偿统计完成表为依据，切忌在与地方征地移民机构签订包干补偿协议后“以拨代支”，甚至未签协议将征地移民补偿资金一次性拨付相关单位。

5. 建设单位应当制定项目建设成本控制制度，加强建设成本管理，对多借的资金，应当迅速归还，减少不必要的利息和融资服务费支出，最大限度地降低资金成本；同时，应当科学编制年度实施计划并按计划组织实施，确保中央和省级资金尽快形成实物工程量。

# 第三节　建设资金管理

资金管理规范有序是确保水利建设资金安全的重要前提。“十二五”以来，水利建设投入逐年增加，财政部、水利部陆续出台了多项涉及资金管理的规章制度，制度体系不断健全。预算单位国库集中支付制度的执行和公务卡结算制度的推行，对保证水利建设资金安全发挥了重要作用，重大违法违规问题明显减少。

在监督检查中发现，各地水利建设项目在资金管理方面主要存在如下问题：滞留建设资金，违规存放项目建设资金，违规预留保证金，未执行国库集中支付制度，未按规定开设银行账户等。

## 一、典型案例

**【案例 1】**

### 滞留建设资金

南方地区某灌区续建配套与节水改造工程，设计灌溉面积 39.00 万亩，2019 年度工程总投资 11920.00 万元，总工期 12 个月。主要建设内容为总干渠、分干渠 11km 渠道衬砌，拆除重建 5 个节制闸，新建机耕桥 2 座。

检查中发现，某市水务工程建设管理中心（以下简称建设单位）负责项目资金使用与管理。该项目未实行国库集中支付制度，项目建设资金由该市财政局拨到该市水务局，再由水务局拨到建设单位。2019 年 1 月、6 月市财政局分两次拨付市水务局项目建设资金 8550.00 万元，但该水务局累计拨付建设单位 5659.00 万元，尚有 2891.00 万元滞留在该水务局账户上，至检查时，灌区项目完成投资 5813.34 万元，账面应付工程款 151.77 万元，资金滞留已对工程建设产生影响。不符合《关于切实加强水利资金使用监督管理的意见》（财农〔2012〕22 号）第四条的规定。

**【法规标准依据】**

《关于切实加强水利资金使用监督管理的意见》（财农〔2012〕22号）

四、加强水利项目资金监督管理

……

（九）加强项目资金使用管理。……严格规范水利建设项目资金使用拨付程序，明确责任主体，加快拨付进度。大力推进国库集中支付制度，切实做到专款专用，严禁截留、滞留、转移、挪用资金。……

**【案例2】**

## 违规存放项目建设资金

东北地区某新建大（2）型水库工程，主要建设内容为大坝、溢洪道、放水洞（渠首）及管理房工程，工程部分投资63535.00万元，征地补偿与移民安置投资311669.00万元，环境保护工程投资4427.00万元，水土保持工程投资3478.00万元，贷款利息2080.00万元，贷款额度20499.00万元。总工期46个月。

检查中发现，某市水务投资建设有限公司（以下简称建设单位）负责项目资金使用与管理，委托某会计师事务所负责核算。2017年，大坝坝体发生重大设计变更，工程建设进度放缓，资金大量闲置存放在该项目专用账户中。2018年1月31日，建设单位将专户闲置的项目建设资金2亿元存入某农村商业银行股份有限公司，存款定期半年，年利率1.69%，2018年6月检查时发现上述行为，预计同年7月31日到期时，利息收入169.00万元。不符合《人民币单位存款管理办法》（银发〔1997〕485号）第七条的规定。

**【法规标准依据】**

《人民币单位存款管理办法》（银发〔1997〕485号）

第七条　财政拨款、预算内资金及银行贷款不得作为单位定期存款存入金融机构。

**【案例 3】**

## 违规预留保证金

西南地区某水库是以为灌溉供水为主的大（2）型跨流域引水工程，由水库枢纽和输水隧洞工程组成，总库容 1.24 亿 $m^3$，主要建设内容为混凝土面板堆石坝、溢洪道、泄洪放空隧洞 636.25m、无压自流隧洞 29.62km，11 条施工支洞。工程总投资 209456.00 万元，总工期 54 个月。

检查中发现，某水库建设管理局（以下简称建设单位）负责项目建设资金管理。2019 年 6 月，建设单位在施工单位已提交履约保证金（合同价款的 5%）的情况下，在支付工程款时仍预留枢纽工程土建标、输水隧洞 1～3 标工程质量保证金和审计风险金共 3068.41 万元（工程质量保证金 3%、审计风险金 12%）。不符合《国务院办公厅关于清理规范工程建设领域保证金的通知》（国办发〔2016〕49 号）第一条、《建设工程质量保证金管理办法》（建质〔2017〕138 号）第六条的规定。

**【法规标准依据】**

《国务院办公厅关于清理规范工程建设领域保证金的通知》（国办发〔2016〕49 号）

第一条 全面清理各类保证金。对建筑业企业在工程建设中需缴纳的保证金，除依法依规设立的投标保证金、履约保证金、工程质量保证金、农民工工资保证金外，其他保证金一律取消。对取消的保证金，自本通知印发之日起，一律停止收取。

《建设工程质量保证金管理办法》（建质〔2017〕138 号）

第六条 在工程项目竣工前，已经缴纳履约保证金的，发包人不得同时预留工程质量保证金。

## 二、原因分析

1. 地方财政部门未执行国库集中支付制度，资金监管缺位。受“催工程进度、催支付进度”影响，地方财政部门为缓解建设资金支付压力，避免大量建设资金沉淀财政国库而影响地方财政绩效，直接将建设资金违规拨付到项目主管单位或建设单位项目账户。

2. 项目主管单位没有认识到项目法人才是项目资金使用与管理的责任主体，以加强建设资金监管、防止建设单位违规使用建设资金为由，将建设资金存放在本单位账上，未及时转拨到建设单位专户，导致资金滞留问题产生。

3. 因该水库属某县中华人民共和国成立以来最大水利投资项目，县政府将建设资金实行专户管理而未实行国库集中支付制度，并委托中介会计机构进行项目核算，中介会计机构对企业会计制度熟悉，对政策性很强的项目建设资金管理缺乏足够认识，认为将闲置的建设资金转存定期能产生一笔不小的收益，因此违规将项目建设资金定存。此外，该水库因大坝坝体发生重大设计变更而暂缓施工，影响了工程进度，造成资金大量闲置，也是导致违规存放建设资金问题的又一原因。

4. 建设单位出于谨慎性原则，担心按规定全额支付后，在项目造价审核环节审减太多，超额支付的部分难以收回，为规避超额支付风险，因此在支付工程款时按一定的比例做预留审计风险金；同时，对履约保证金和履约保函之间的区别理解不清，造成了在施工单位提交了履约保证金的前提下仍然要求扣留质量保证金的问题。

## 三、措施建议

1. 有关单位应当商请当地财政部门，严格遵守并执行财政部国库集中支付制度，不得将国库资金违规拨到实体资金账户。

2. 项目主管部门应当督促建设单位加快工程建设进度和工程款支付。鉴于项目资金已从财政拨出，退回财政国库后重新申请财政资金指标比较繁琐，项目主管部门应当及时将滞留资金拨付建设单位，减少资金滞留时间；项目主管部门和建设单位应当报请地方政府加大征地移民工作的监督管理，积极推进征地拆迁工作；建设单位应当加强项目管理、加快工程进度，尽快形成实物工程量，及时办理工程价款结算。

3. 建设单位应当加快重大设计变更手续报批手续，确保工程顺利推进，尽快形成实物工程量，加快资金支付；水利基本建设项目建设资金政策性强，中介会计机构会计人员应当加强财政专项资金有关法律法规知识学习并严格遵守；考虑到该违规存款已经发生，且定期存款即将到期，在发现问题时即要求整改取出，也会造成不必要的利息损失，因此要求在定期存款到期后，将利息收入用于冲减项目建设成本，同时，建设单位应杜绝违规存放资金问题再次发生。

4. 建设单位应当认真学习并严格遵守有关保证金管理规定，对违规预留的保证金要迅速拨付给施工单位；同时，上级主管部门应当以此为例，举一反三，加大辖区内各项目建设单位的违规预留保证金的问题排查，切实落实国家有关保证金管理规定。

## 第四节　建设资金使用

资金使用合规是水利建设资金发挥效益的关键，也是各级财政、审计、水行政主管部门监督检查的重点。近年来，为提高水利建设资金使用的规范性、安全性和有效性，财政部适时出台（修订）了《关于基本建设项目结余财政资金收回同级财政的通知》《基本建设项目建设成本管理规定》等规章制度，水利建设资金使用越来越规范安全。

在监督检查中发现，各地水利建设项目在资金使用方面主要存在如下问题：截留、转移、挪用、挤占建设资金，列支不合规建设成本，虚列建设成本，工程价款结算不规范，未按规定拨付人工费用，建设管理费使用不合规，违规购置车辆，征地移民资金以拨代支等。

### 一、典型案例

**【案例 1】**

**转移项目建设资金**

东部地区某河治理工程属“十三五”期间江河湖泊治理骨干重大工程项目，工程建设涉及 4 个县（区），4 个县（区）分别成立了某河治理工程建设管理处。主要建设任务是堤身加培和防渗处理、险工险段护岸、堤顶道路硬化、穿堤建筑物（涵闸）建设。总投资 174656.66 万元，总工期60个月。

检查中发现，某河（某区段）治理工程建设管理处（以下简称建设单位）负责该区2015年、2016年度治理资金使用与管理。2017年1月23日，建设单位6次将某河治理专项资金10855.00万元转入某区水务投资有限公司，截至2017年5月检查时，该资金仍在该公司账户上。不符合《关于切实加强水利资金使用监督管理的意见》（财农〔2012〕22号）第四条的规定。

**【法规标准依据】**

《关于切实加强水利资金使用监督管理的意见》（财农〔2012〕22号）

四、加强水利项目资金监督管理

……

（九）加强项目资金使用管理。……严格规范水利建设项目资金使用拨付程序，明确责任主体，加快拨付进度。大力推进国库集中支付制度，切实做到专款专用，严禁截留、滞留、转移、挪用资金。……

**【案例2】**

## 列支不合规建设成本

东北地区某新建大（2）型水库工程，总库容1.02亿$m^3$，防洪库容2230万$m^3$，兴利库容8190万$m^3$。主要建设内容是修建溢洪道和浆砌石重力坝。总投资163345.00万元，总工期48个月。

检查中发现，某水库建设管理局（以下简称建设单位）负责该项目资金使用与管理。2015年1月，建设单位建成某变电站到该水库的10kV供电专线，并在建设成本中列支。2016年9月，应水库所在地县人民政府要求，为配合某县级公路施工，对部分供电线路局部迁建，建设单位在“待摊投资”（临时设施费）中违规列支上述供电线路迁建费100万元（合同金额），而此笔迁建费应在某县级公路概算中列支。不符合《基本建设财务规则》（2016年财政部令第81号）第二十二条的规定。

**【法规标准依据】**

《基本建设财务规则》(2016 年财政部令第 81 号)

第二十二条　项目建设单位应当严格控制建设成本的范围、标准和支出责任，以下支出不得列入项目建设成本：

(一) 超过批准建设内容发生的支出；

(二) 不符合合同协议的支出；

(三) 非法收费和摊派；

(四) 无发票或者发票项目不全、无审批手续、无责任人员签字的支出；

(五) 因设计单位、施工单位、供货单位等原因造成的工程报废等损失，以及未按照规定报经批准的损失；

(六) 项目符合规定的验收条件之日起 3 个月后发生的支出；

(七) 其他不属于本项目应当负担的支出。

**【案例 3】**

## 虚列建设成本

东北地区某大型灌区续建配套与节水改造项目，灌溉面积 37.1 万亩。2017 年度投资计划(实施方案) 3919.15 万元，主要建设任务为：10km 干支渠混凝土衬砌，10km 渠道右岸砂石路面建设，3 座节制闸重建，5 处跌水、7 处分水闸建设。

检查中发现，某灌区续建配套与节水改造工程建设管理处(以下简称建设单位)负责该项目资金使用与管理。2018 年 10 月 12 日，建设单位与某施工单位省水利水电工程总公司办理了完工结算，结算金额 984.89 万元，并列入建设成本，账面累计支付施工单位工程款 955.34 万元(按结算款的 3%扣留质保金 29.55 万元)。2018 年 11 月检查时，该施工单位承建的施工标段中，有 58812$m^2$ 砂石路面工程尚未实施，涉及金额 174.67 万元，属虚列建设成本行为。不符合《基本建设项目建设成本管理规定》(财建〔2016〕504 号)第二条、《建设工程价款结算暂行办法》(财建〔2004〕369 号)第十三条、SL 288—2014《水利工程施工监理规范》第 6.4.3 条的规定。

**【法规标准依据】**

《基本建设项目建设成本管理规定》（财建〔2016〕504 号）

第二条　建筑安装工程投资支出是指基本建设项目（以下简称项目）建设单位按照批准的建设内容发生的建筑工程和安装工程的实际成本，其中不包括被安装设备本身的价值，以及按照合同规定支付给施工单位的预付备料款和预付工程款。

《建设工程价款结算暂行办法》（财建〔2004〕369 号）

第十三条　工程进度款结算与支付应当符合下列规定：

……

（二）工程量计算

1. 承包人应当按照合同约定的方法和时间，向发包人提交已完工程量的报告。……

SL 288—2014《水利工程施工监理规范》

6.4.3　工程计量应符合下列规定：

1　可支付的工程量应同时符合以下条件：

1）经监理机构签认，属于合同工程量清单中的项目，或发包人同意的变更项目以及计日工。

2）所计量工程是承包人实际完成的并经监理机构确认质量合格。

3）计量方式、方法和单位等符合合同约定。

**【案例 4】**

## 工程价款结算不规范

西南地区某新建大（2）型水利枢纽工程，以城乡供水为主，结合灌溉，兼顾发电等综合利用，总库容 1.29 亿 $m^3$。工程总投资 266565.00 万元，其中工程部分投资 191643.00 万元，建设征地移民补偿 50299.00 万元，环境保护工程投资 8343.00 万元，水土保持工程投资 5295.00 万元，田间工程投资 1700 万元，建设期利息 9285.00 万元。

检查中发现，某水利枢纽开发有限公司（以下简称开发公司）负责该枢纽项目资金使用与管理，某工程咨询公司（以下简称监理单位）负责该枢纽工程监理。2019年7月检查时，该项目工程价款结算不规范：①工程进度款结算与支付低于规定比例，监理签证已完合同工程投资137149.5万元，但实际结算与支付67536.23万元，支付比例仅49.24%，不满足不应低于60%的要求；②部分分项工程未据实办理工程价款结算，该枢纽工程配套的某标段临时围堰导流工程，合同工程量清单主要包括干砌石护坡、C20压重盖板混凝土、高喷灌浆造孔及灌浆、M10浆砌石护坡等内容，现场发现围堰导流方式变更为埋设钢管导流，但监理仍按合同工程量清单项目及合同价785.74万元办理结算签证。此外，灌溉渠道衬砌伸缩缝填材设计为沥青杉板13975$m^2$，监理单位按合同单价115元/$m^2$及合同工程量签认，合价160.71万元，但现场检查发现，施工中伸缩缝填材变更为闭孔泡沫板，市场价为34.00元/$m^2$，多结算113.19万元。上述项目变更无设计变更手续。

以上不符合《建设工程价款结算暂行办法》（财建〔2004〕369号）第十条、第十三条以及SL 288—2014《水利工程施工监理规范》第6.7.1条的规定。

**【法规标准依据】**

《建设工程价款结算暂行办法》（财建〔2004〕369号）

第十条　工程设计变更价款调整

（一）施工中发生工程变更，承包人按照经发包人认可的变更设计文件，进行变更施工，其中，政府投资项目重大变更，需按基本建设程序报批后方可施工。

（二）在工程设计变更确定后14天内，设计变更涉及工程价款调整的，由承包人向发包人提出，经发包人审核同意后调整合同价款。变更合同价款按下列方法进行：

1. 合同中已有适用于变更工程的价格，按合同已有的价格变更合同价款；

2. 合同中只有类似于变更工程的价格，可以参照类似价格变更合同价款；

3. 合同中没有适用或类似于变更工程的价格，由承包人或发包人提出适当的变更价格，经对方确认后执行。如双方不能达成一致的，双方可提请工程所在地工程造价管理机构进行咨询或按合同约定的争议或纠纷解决程序办理。

第十三条　工程进度款结算与支付应当符合下列规定：

……

（三）工程进度款支付

1.……发包人应按不低于工程价款的60%，不高于工程价款的90%向承包人支付工程进度款。……

SL 288—2014《水利工程施工监理规范》

6.7.1　变更管理应符合下列规定：

1　变更的提出、变更指示、变更报价、变更确定和变更实施等过程应按施工合同约定的程序进行。

3　监理机构收到承包人的变更建议后，应按下列内容进行审查；监理机构若同意变更，应报发包人批准后，发出变更指示。

1）变更的原因和必要性。

2）变更的依据、范围和内容。

3）变更可能对工程质量、价格及工期的影响。

4）变更的技术可行性及可能对后续施工产生的影响。

## 二、原因分析

1. 地方政府（区人民政府）以整合辖区内各建设单位资金、发挥资金使用效率为由，在建设单位账户有大量资金时，强行将建设资金拨到区水务投资有限公司整合使用，但该区并非贫困县，该项目属江河湖泊治理骨干重大工程，不属于国务院《关于支持贫困县开展统筹整合使用财政涉农资金试点的意见》中财政涉农资金整合范畴；建设单位工程进度慢、支付进度慢也是导致转移建设资金问题发生的原因之一。

2. 地方政府（县人民政府）把项目资金当成“唐僧肉”，将非项目改拆线路强行要求建设单位自行组织改拆，其费用在水库项目中列支，导致挤占建设成本问题发生。

3. 建设单位（灌区管理处）认为灌区渠道路面工程不属主要建设内容，做或不做都不影响灌区灌溉功能，在人员经费不足的情况下，采取虚假结算、虚列建设成本等不正当手段将建设资金支付给施工单位，计划弥补单位人员经费不足，在检查时施工单位尚未将多结资金转汇建设单位；施工单位出于自身利益考虑，为参与今后的灌区续建项目建设，在明知未完成合同建设内容情况下，仍配合建设单位办理虚假完工结算资料；监理单位监理人员参与配合签证，导致了虚假结算问题发生。

4. 该枢纽项目主体工程共划分 159 个分部工程，检查时已完成 145 个分部工程，但实际验收 41 个分部工程，由于办理结算与支付的前提是分部工程验收合格，因此分部工程验收不及时是结算与支付比例低的主要原因；该枢纽工程属 PPP 项目，开发公司由三家企业出资组织，主体工程主要由出资企业参与施工，监理单位监理人员对非重要项目没有认真履行旁站、巡视、平行检测等监理职责，对施工单位上报的工程结算资料把关不严，导致了未据实结算问题发生。

## 三、措施建议

1. 项目建设单位和项目主管部门应当主动向地方政府及有关部门汇报国家有关资金管理规定，严格遵守国家有关法规，不得违规整合建设资金，要及时归还转移项目资金；建设单位应当切实履行项目法人职责，加快工程进度和资金支付，确保资金专款专用。

2. 建设单位应当严格项目成本核算，不得列支不合理建设成本，对非项目的迁建费用，应当积极落实整改，尽快向地方政府汇报要求从公路建设概算中解决。

3. 建设单位应当深刻认识问题的严重性，认真学习《基本建设财务规则》及相关的财经法律法规，严格按批复的概算和建设内容组织项目实施，加紧问题整改，责令施工单位完成合同内未完工程，杜绝虚列建设成本的再次发生；施工单位应当严格履行合同，迅速组织未完工程施工，确保工程质量，据实结算完成工程量及工程价款；监理单位应当按监理规范实行巡视、旁站、平检等必要的监理工作，在工程计量、价款结算、设计变更、完工验收等重要环节把好关，督促施工单位在确保工程质量与安全的前提下，加快工程进度，办理完工结算。

4. 建设单位（开发公司）应当加紧组织分部工程验收，加快工程价款结算与支付；监理单位应当严格按有关规程规范履责，组织并协调施工单位完善导流项目支付变更手续，重新核定工程价款；对伸缩缝沥青杉板变更为闭孔泡沫板问题，应当提请设计单位和质检部门重新鉴定，如不满足工程质量要求，要督促施工单位进行整改，如能满足工程质量要求，则按闭孔泡沫板重新计价支付，对多结算的工程价款予以扣回。

5. 项目主管部门应当加大对违规使用建设资金的处罚力度，杜绝此类问题再次发生。

## 第五节　竣工财务决算

水利项目竣工财务决算是全面反映水利工程建设成果、正确核定项目资产价值的重要程序，也是办理资产移交和产权登记的主要依据。水利项目竣工财务决算以《水利基本建设项目竣工财务决算编制规程》为主要编制依据。

在监督检查中发现，建设单位在项目竣工财务决算方面主要存在如下问题：竣工财务决算编制责任主体不清，不具备编制条件而编制竣工财务决算，未进行往来款项和合同清理，竣工财务决算编制不及时、不完整，未按规定摊销待摊投资，未按规定进行资产交付和转出投资等。其中以不具备条件而编制竣工财务决算编制、未进行往来款项和合同清理问题较为突出。

### 一、典型案例

**【案例 1】**

**竣工财务决算编制条件不满足要求**

东部地区某泵站更新改造工程，原设计流量 28.6$m^3/s$，兴建梯级泵站43座，主要建设内容为改造29座泵站的建筑物和金属结构，对泵站主机组设备和电气设备进行更新，并对通信及信息化工程进行升级改造。工程总投资116803.00万元，总工期60个月。

检查中发现，某泵站更新改造项目建管处（以下简称建设单位）负责编制该项目竣工财务决算。2019年该项目投资计划116803.00万元已全部下达，2020年6月，项目法人编制了该项目的竣工财务决算，但在2020年9月检查时，尚有地方建设资金5409.00万元未到位，7座泵站未完工，未完工程部分概算投资7336.00万元，占概算总投资6.28%。不符合《基本建设财务规则》（2016年财政部令第81号）第三十八条、SL 19—2014《水利基本建设项目竣工财务决算编制规程》第2.0.2条的规定。

**【法规标准依据】**

《基本建设财务规则》（2016年财政部令第81号）

第三十八条　项目一般不得预留尾工工程，确需预留尾工工程的，尾工工程投资不得超过批准的项目概（预）算总投资的5%。

SL 19—2014《水利基本建设项目竣工财务决算编制规程》

2.0.2　编制竣工财务决算宜具备以下条件：

1　经批准的初步设计、项目任务书所确定的内容已完成。

2　建设资金全部到位。

3　竣工（完工）结算已完成。

4　未完工程投资和预留费用不超过规定的比例。

**【案例2】**

## 未进行往来款项和合同清理

中部地区某中型水库工程，设计总库容1093万$m^3$，主要建设内容为主坝，1号、2号副坝，溢洪道，管理房及厂区建设等。工程总投资1.99亿元，总工期36个月。

检查中发现，某水库管理局（以下简称建设单位）负责编制该水库竣工财务决算。在竣工财务决算审查时，审查人员发现未进行合同及债权债务清理：①建设单位与代建单位签订的代建合同约定代建费为116.00万元，建管费中仅列支代建费80.00万元，另36.00万元列在“其他应收款”；②施工一标完工结算审定价为7063.67万元，账面仍按合同价6586.98万元作成本入账，未对审增投资476.69万元进行账务处理；③施工二标完工结算审定价为1954.63万元，账面仍按合同价2024.14万元作成本入账，未对审减投资69.51万元进行账务处理。不符合SL 19—2014《水利基本建设项目竣工财务决算编制规程》第4.5.2条、第4.5.3条的规定。

**【法规标准依据】**

SL 19—2014《水利基本建设项目竣工财务决算编制规程》

4.5.2　合同（协议）清理应包括以下主要内容：

1　按合同（协议）编号或类别列示合同（协议）清单。

2　在工程进度款结算的基础上，根据施工过程中的设计变更、现场签证、工程量核定单、索赔等资料办理竣工（完工）结算，对合同价款进行增减调整。

3　清理合同履行的主要指标：

——合同金额。

——累计已结算金额。

——质量保证金扣留、支付、余额。

——履约担保＼预付款保函（担保）。

4　确认合同（协议）履行结果。

5　落实尚未执行完毕的合同（协议）履行时限和措施。

4.5.3　债权债务清理应包括以下主要内容：

1　核对和结算债权债务。

2　清理坏账和无法偿付的应付款项。

## 二、原因分析

1. 地方资金未足额到位，客观上影响了项目尾工实施和决算工作。

上级主管部门催促项目完工进度、部分已完工泵站需投入使用和亟须办理资产移交，直接促使建设单位仓促编制竣工财务决算。

2. 建设单位存在重项目建设、轻财务管理思想，同时具体编制人员对《基本建设财务规则》《水利基本建设项目竣工财务决算编制规程》等有关竣工财务决算编制的相关知识学习不深，理解不透，认为财政给多少钱办多少决算就可以了，导致在资金未全部到位、未完尾工工程占比较大等明显不具备竣工决算条件情况下仍进行了决算。

3. 建设单位由于建管经验不足，管理人员缺乏，对新建水库项目采取代建制模式，项目核算实行委托代理记账。在项目开工建设后建设单位未明确由代建单位负责编制竣工财务决算，也未成立以财务部门牵头，工程部门和代建单位、设计、施工、监理等参建单位配合的竣工财务决算编制小组，在编制竣工财务决算时，财务工程“两张皮”，委托代理记账的会计人员没有得到代建单位有力配合，仅以账面数据编制，因此没有认真开展合同及往来款项清理工作，造成编制数据不完整、不准确。

## 三、措施建议

1. 项目建设单位和项目主管部门应当积极争取地方政府支持，要千方百计地筹措资金，加快未完工程实施进度，为竣工财务决算和资产交付创造条件。同时，鉴于有的项目配套资金可能不必足额到位即可完成批复的建设内容，有关方面可对竣工决算编制前提条件进行必要的修改，即在完成批复的建设内容的前提下，配套资金未足额到位不影响决算编制。

2. 建设单位会计人员应当加强财经政策法规学习，认真研究编制竣工财务决算的条件、方法，努力提高竣工财务决算编制水平和编制质量。

3. 建设单位在项目开工时应当成立以财务部门为中心、其他各部门和参建单位配合的竣工财务决算编制小组，具体负责竣工财务决算编制工作，并保持小组工作协调、高效；同时，应当明确各部门和人员职责，注重竣工财务决算相关资料搜集和整理，确保竣工决算编制完整、准确，能全面反映项目建设成果。

# 相关法律法规、规范性文件和技术标准

1.《中华人民共和国会计法》（2017 年主席令第 81 号）

2.《政府投资条例》（2019 年国务院令第 712 号）

3.《保障农民工工资支付条例》（2019 年国务院令第 724 号）

4.《基本建设财务规则》（2016 年财政部令第 81 号）

5.《会计基础工作规范》（2019 年财政部令第 98 号）

6.《人民币单位存款管理办法》（银发〔1997〕485 号）

7.《建设工程价款结算暂行办法》（财建〔2004〕369 号）

8.《关于切实加强水利资金使用监督管理的意见》（财农〔2012〕22 号）

9.《关于基本建设项目结余财政资金收回同级财政的通知》（财建〔2015〕707 号）

10.《国务院办公厅关于清理规范工程建设领域保证金的通知》（国办发〔2016〕49 号）

11.《关于支持贫困县开展统筹整合使用财政涉农资金试点的意见》（国办发〔2016〕22 号）

12.《基本建设项目竣工财务决算管理暂行办法》（财建〔2016〕503 号）

13.《基本建设项目建设成本管理规定》（财建〔2016〕504 号）

14.《政府会计制度》（财会〔2017〕25 号）

15.《建设工程质量保证金管理办法》（建质〔2017〕138 号）

16.《关于贯彻实施政府会计准则制度的通知》（财会〔2018〕21 号）

17.《水利发展资金管理办法》（财农〔2019〕54 号）

18.《重大水利工程中央预算内投资专项管理办法》（发改农经规〔2019〕2028 号）

19. SL 557—2012《水利基本建设项目竣工决算审计规程》

20. SL 19—2014《水利基本建设项目竣工财务决算编制规程》

21. SL 288—2014《水利工程施工监理规范》

# 第五章　工程质量管理

《建设工程质量管理条例》规定，建设单位、勘察单位、设计单位、施工单位、工程监理单位依法对建设工程质量负责。《水利工程质量管理规定》规定，水利工程质量实行项目法人（建设单位）负责、监理单位控制、施工单位保证和政府监督相结合的质量管理体制。

水利工程要全面落实各方主体的工程质量责任，特别要强化建设单位的首要责任和勘察、设计、施工单位的主体责任。政府质量监督机构不代替项目法人（建设单位）、监理、设计、施工单位的质量管理工作。

水利工程建设各单位要积极推行全面质量管理，采用先进的质量管理模式和管理手段，推广先进的科学技术和施工工艺，依靠科技进步和加强管理，努力创建优质工程，不断提高工程质量。

在监督检查中发现，水利工程质量方面的问题主要表现为：项目法人质量管理不到位，监理单位质量控制不严，施工单位质量保证措施不落实，工地实验室质量检测、质量检验与评定等工作不规范，工程实体质量仍存在较多的问题等。

## 第一节　项目法人负责

项目法人（建设单位）应对水利工程质量负首要责任，要加强工程质量管理，建立健全施工质量检查体系，根据工程特点建立质量管理机构和质量管理制度。应组织设计和施工单位进行设计交底；施工中应对工程质量进行检查，工程完工后，应及时组织有关单位进行工程质量验收、签证。

在监督检查中发现，项目法人质量管理方面的问题主要表现为：未设立质量管理机构，质量管理人员配备不符合要求，质量管理制度不健全且未严格执行，质量检查工作不到位等。

## 一、典型案例

**【案例 1】**

### 项目法人未设立质量管理机构，未配置质量管理人员

某主要支流治理工程治理河长 24km，总投资约 2.7 亿元。主要建设内容为新建堤防 4km，护岸 3km，新建防洪排涝闸 3 座，排涝涵 2 座，新建排涝泵站 1 座。

检查中发现，项目法人未设立质量管理机构，未配备工程质量管理人员，质量管理工作不能满足工程建设需要。不符合《水利工程建设项目管理规定（试行）》（水建〔1995〕128 号发布，水利部令第 48 号修改）第十六条的规定。

**【法规标准依据】**

《水利工程建设项目管理规定（试行）》（水建〔1995〕128 号发布，水利部令第 48 号修改）

第十六条　……组建建设单位由项目主管部门或投资各方负责；建设单位需具备下列条件：

（1）具有相对独立的组织形式。内部机构设置，人员配备能满足工程建设的需要；

（2）……；

（3）主要行政和技术、经济负责人是专职人员，并保持相对稳定。

**【案例 2】**

### 质量管理制度不健全，且未严格执行

西北地区某水库是一座以防洪、供水为主，兼顾灌溉和发电等综合利用的大（2）型水利工程。工程总投资 21 亿元，项目于 2018 年 12 月开工建设，计划总工期 54 个月。

项目法人印发了《工程建设规章制度汇编》，其中《质量责任追究制度》《施工质量奖励处罚办法》等质量管理制度，内容缺少具体的质量责任追究和质量管理奖励处罚规定；质量检查制度要求"工程质量检查实行日常检查、定期检查和特殊检查的方法。日常检查为工程施工期每天一次，由工程科负责实施……"，实际工程科不能提供施工期每天的日常检查记录。且从现场情况看，存在主坝迎水面干砌石护坡、溢洪道止水铜片安装和保护、混凝土施工缝处理不符合设计和规范要求等质量问题，项目法人也未能及时检查发现存在的问题。不符合《水利工程质量管理规定》（1997 年水利部令第 7 号发布，2017 年水利部令第 49 号修改）第十七条和第十九条的规定。

**【法规标准依据】**

《水利工程质量管理规定》（1997 年水利部令第 7 号发布，2017 年水利部令第 49 号修改）

第十七条 项目法人（建设单位）要加强工程质量管理，建立健全施工质量检查体系，根据工程特点建立质量管理机构和质量管理制度。

第十九条 项目法人（建设单位）应组织设计和施工单位进行设计交底，施工中应对工程质量进行检查，工程完工后，应及时组织有关单位进行工程质量验收、签证。

**【案例 3】**

## 项目法人有关责任人质量责任不落实

南方某大型水利枢纽工程是一座以防洪、发电、灌溉等综合利用的流域关键性工程，坝型为混凝土重力坝，工程规模为Ⅰ等大（1）型工程。

挡水坝某坝段分部工程施工质量评定表中，项目法人施工质量评定验收结论认定意见签字人应由技术负责人签字，实际由现场施工质量管理部门人员签字，签字人不具备资格。进一步检查发现，该项目法人印发的《某公司关于明确分部、单位工程施工质量评定表签字人的通知》规定："《分部工程施工质量评定表》中……'技术负责人'由公司现场施工质量管理部门人员签字确认。《单位工程施工质量评定表》中……'单位负责人'由公司现场施工质量管理部门负责人签字。"该通知的内容不符合 SL 176—2007《水利水电工程施工质量检验与评定规程》附录 G 的规定，项目法人有关责任人质量责任不落实。不符合《中共中央 国务院关于开展质量提升行动的指导意见》（中发〔2017〕24 号）第八条和《水利工程质量管理规定》（1997 年水利部令第 7 号发布，2017 年水利部令第 49 号修改）第十七条的规定。

**【法规标准依据】**

SL 176—2007《水利水电工程施工质量检验与评定规程》附录 G 表 G-1、表 G-2（略）

《中共中央　国务院关于开展质量提升行动的指导意见》（中发〔2017〕24 号）

第八条　……全面落实工程参建各方主体质量责任，强化建设单位首要责任和勘察、设计、施工单位主体责任……

《水利工程质量管理规定》（1997 年水利部令第 7 号发布，2017 年水利部令第 49 号修改）

第十七条　项目法人（建设单位）要加强工程质量管理，建立健全施工质量检查体系，根据工程特点建立质量管理机构和质量管理制度。

## 二、原因分析

1. 随着国家"放管服"的推进深化，个别省（自治区、直辖市）将大中型特别是重大水利工程项目法人（建设单位）组建下放至工程所属地市，个别地市级项目法人（建设单位）组建又下放至工程所属县，造成项目法人（建设单位）技术力量薄弱，特别是在偏远山区，专业人才难以引进，而基层专业技术人员匮乏，项目法人管理能力和专业力量等无法满足重大水利工程建设管理需要。

2. 项目法人对项目法人机构组建的相关法规规定及标准掌握不全或不掌握，不清楚质量管理体系建立的相关要求，制定的质量制度相对笼统，不具备可操作性，对于如何开展质量检查、设计变更管理、质量奖惩等具体工作，没有切实可行的具体措施或措施明显不合理，不能有效落实质量责任终身制，致使质量管理制度无法落地。

3. 项目法人组建单位组建不规范，或审查把关不严、监管不力，未能及时发现并纠正机构设置中存在的问题。

### 三、措施建议

1. 项目法人应当增强全面负责的意识，加强工程质量管理，建立健全施工质量检查体系，根据工程特点建立质量管理机构，制定切实可行的质量管理制度，配备能够满足工程建设需要的质量管理人员，落实好项目法人首要责任。

2. 项目法人可以根据组建性质，通过委托代建、项目管理承包、全过程咨询等方式，引入社会专业技术力量，协助履行相应职责。

3. 水行政主管部门或项目法人建管机构应当加大对项目法人组建情况的监管，倒逼项目法人完善机构设置、建立健全质量管理制度，落实质量责任终身制。

4. 水行政主管部门应当及时编制教育培训计划，落实教育培训资金，定期或不定期对各参建单位工程技术管理人员进行业务教育培训，提高工程技术管理人员业务素质和能力。

## 第二节　施工单位保证

施工单位应对水利工程的施工质量负责，保证工程质量。要推行全面质量管理，建立健全质量保证体系，制定和完善岗位质量规范、质量责任及考核办法，落实质量责任制。《建设工程质量管理条例》《水利工程质量管理规定》等法规规章均对必须按照设计图纸和施工技术标准施工做出了明确要求。施工单位必须依据国家、水利行业有关工程建设法规、规范规程、技术标准的规定以及设计文件和施工合同的要求进行施工，并对其施工的工程质量负责。在施工过程中要加强质量检验工作，必须按照工程设计要求、施工技术标准和合同约定，对建筑材料、建筑构配件、设备和商品混凝土进行检验，未经检验或者检验不合格的，不得使用。竣工工程质量必须符合国家和水利行业现行的工程标准及设计文件要求。

在监督检查中发现，施工单位在质量控制方面存在的问题主要表现为：未按设计图纸施工，未按国家、行业标准施工，施工自检不符合规定要求等问题。

## 一、典型案例

**【案例 1】**

### 钢筋安装不符合设计要求

某大型水利枢纽项目大坝为混凝土面板堆石坝，主要任务是发电，总库容 2.32 亿 $m^3$，装机 140MW，属Ⅱ等大（2）型工程。

检查中发现，溢洪道检修门槽、工作门槽一、二期插筋埋件设计要求钢筋型号为 HPB300（$\phi$22），现场插筋埋件部分钢筋型号为（HRB400E），且设计间距 25cm，实测间距约 52cm，与“溢洪道闸室门槽插筋布置图（1/2）”要求不符，没有履行钢筋代换设计变更手续，未按设计图纸要求布置插筋埋件。不符合《建设工程质量管理条例》第二十八条的规定。

注：门槽插筋设计间距 25cm，实测间距约 52cm，不符合设计要求

**【法规标准依据】**

《建设工程质量管理条例》（2000年国务院令第279号发布，2019年国务院令第714号修改）

第二十八条　施工单位必须按照工程设计图纸和施工技术标准施工，不得擅自修改工程设计，不得偷工减料。

施工单位在施工过程中发现设计文件和图纸有差错的，应当及时提出意见和建议。

**【案例2】**

## 未按设计要求进行隧洞支护

某大型水利枢纽工程施工某标设计要求引水隧洞Ⅴ类围岩采用工字钢支护，且应设置锁脚砂浆锚杆（长2.5m，工字钢两侧各一根，与工字钢焊接）。

检查中发现，引水隧洞进口0＋000～0＋015断面右侧底部Ⅴ类围岩支护工字钢两侧未设置锁脚砂浆锚杆。不符合《建设工程质量管理条例》第二十八条的规定。

**【法规标准依据】**

《建设工程质量管理条件》（2000年国务院令第279号发布，2019年国务院令第714号修改）

第二十八条　施工单位必须按照工程设计图纸和施工技术标准施工，不得擅自修改工程设计，不得偷工减料。

施工单位在施工过程中发现设计文件和图纸有差错的，应当及时提出意见和建议。

**【案例3】**

## 原材料检测项目不全

某大型引调水工程由水源工程和输水工程组成，输水总干渠总长超

500km，工程总投资超 700 亿元，总工期 90 个月。

用于某段隧洞施工的卵石、中砂等中间产品检测项目不全。查卵石、中砂等中间产品施工自检检测报告，卵石（5～20mm）检测项目均缺少中径筛余率、硫化物及硫酸盐含量，中砂检测项目均缺少轻物质含量、硫化物及硫酸盐含量。不符合 SL 677—2014《水工混凝土施工规范》第 5.3.5 条和第 5.3.6 条的规定。

**【法规标准依据】**

SL 677—2014《水工混凝土施工规范》

5.3.5 细骨料的品质要求应符合下列规定：

……

3 细骨料的其他品质要求应符合表 5.3.5（略）的规定。

5.3.6 粗骨料的品质要求应符合下列规定：

……

3 应控制各级骨料的超径、逊径含量。以原孔筛检验时，其控制标准：超径不大于5%，逊径不大于10%。当以超、逊径筛（方孔）检验时，其控制标准：超径为零，逊径不大于2%。

## 二、原因分析

1. 施工人员对严格按照施工图纸、技术标准施工有抵触情绪，认为设计保守，规范和技术标准要求太高、不符合实际、不方便施工，严格按照设计和标准施工没法干，严格了啥事都不好办，把自己的习惯做法当作标准。

2. 施工单位遇到与设计有关的施工难题，不首先在施工技术和方法上想对策，而是按照方便自己施工的要求擅自修改设计，不严格按图纸施工，还自认为改动不大、没问题。

3. 施工单位为补充施工预算缺口，就省工、省料（偷工减料），减少工程施工范围、降低工程施工标准。

4. 施工单位现场管理力量薄弱，现场管理人员质量意识不强，要求不严，现场质量检查、验收环节流于形式，未能及时发现和制止不符合施工图纸及技术标准的问题。

5. 监理单位旁站、巡视检查不到位，未在验收过程中对照图纸要求进行细致检查，对存在的问题未能及时发现或发现了制止不力，把关不严。

6. 项目法人工程质量重视不够，没有经常深入施工现场认真检查、监督工程质量。

### 三、措施建议

1. 施工单位应当加强对施工作业人员的教育、培训和技术交底，明确设计和规范、技术标准等要求。共同提高认识，保证施工作业人员在思想认识和行动上都能够严格按照设计和规范、技术标准施工。

2. 监理单位应当按照投标承诺配足监理人员，保证旁站、巡视检查到位，按照设计和规范要求进行检查，严格把关，对存在的问题要及时指出并采取有力措施保证整改到位。

3. 项目法人应当重视工程质量，加强对工程质量的监督、检查，组织落实质量终身责任制，层层签订质量终身责任承诺书，层层传导并压实现场质量管理责任。

## 第三节　监理单位控制

监理单位应对水利工程施工质量进行控制。受项目法人（建设单位）委托，根据法律法规、部门规章、规程规范、勘察设计文件及合同，在施工阶段对建设工程质量进行控制。

《水利工程建设监理规定》及 SL 288—2014《水利工程施工监理规范》对监理单位的行为及职责进行了明确规范。监理单位必须严格履行监理合同，根据所承担的监理任务向水利工程施工现场派出相应的监理机构，人员配备必须满足项目要求。监理工程师应当按照工程监理规范的要求，采取旁站、巡视和平行检测等形式，对建设工程实施监理。指导监督合同中有关质量标准、要求的实施；参加工程质量检查和工程验收工作。

在监督检查中发现，监理单位质量控制方面存在的问题主要表现为：现场监理机构监理人员配备不足，监理实施细则针对性不强，监理人员现场施工质量控制不力，监理旁站不到位、记录不真实，监理平行检测不满足要求等问题。

## 一、典型案例

**【案例1】**

### 监理人员配备不足

某灌区节水改造工程，检查发现工程正常施工期间监理部人员到位率低。投标文件承诺投入监理人员24名，监理部成立文件只有17名人员，还缺少金属结构和机电设备安装专业监理工程师。投标文件承诺投入12名监理员，监理部只有5名监理员，监理人员专业不满足工程建设需要。不符合SL 288—2014《水利工程施工监理规范》第3.1.3条的规定。

**【法规标准依据】**

SL 288—2014《水利工程施工监理规范》

3.1.3　监理单位应依照监理合同约定，组建监理机构，配置满足监理工作需要的监理人员，并根据工程进展情况及时调整。更换总监理工程师和其他主要监理人员应符合监理合同约定。

**【案例2】**

### 监理实施细则针对性不强

某西南地区大型水库及灌区工程某监理单位未根据监理建筑物工程特点制定具有针对性的监理实施细则，例如未针对干渠施工中的隧洞工程、落地槽工程及其他建筑物基础开挖、回填、混凝土工程等明确具体的控制措施、方法和要求。不符合SL 288—2014《水利工程施工监理规范》B.1.2条的规定。

**【法规标准依据】**

SL 288—2014《水利工程施工监理规范》

B.1.2　监理实施细则应符合监理规划的基本要求，充分体现工程特点和监理合同约定的要求，结合工程项目的施工方法和专业特点，明确具体的控制措施、方法和要求，具有针对性、可行性和可操作性。

**【案例 3】**

## 监理人员现场施工质量控制不力

某大（2）型水利枢纽工程的大坝溢洪道存在如下问题：①溢洪道检修门槽、工作门槽未按设计图纸要求布置插筋埋件，拌和楼骨料仓小石、中石均有泥块存在，溢洪道启闭机柱施工现场已安装的机械连接钢筋端部未磨平、丝头长度及保护不满足设计和规范要求。上述明显质量问题，监理单位均未及时发现并纠正。②检查发现溢洪道底板混凝土露筋问题，监理单位虽下发了监理通知，要求施工单位进行整改，但施工单位并未按要求作出整改，监理单位未进一步跟踪、督促施工单位纠正存在的问题。不符合 SL 288—2014《水利工程施工监理规范》第 6.2.10 条的规定。

**【法规标准依据】**

SL 288—2014《水利工程施工监理规范》

6.2.10　施工过程质量控制应符合下列规定：

1　监理机构可通过现场察看、查阅施工记录以及按照 6.2.11 条、6.2.13 条、6.2.14 条实施的旁站监理、跟踪检测和平行检测等方式，对施工质量进行控制。

……

4　监理机构应定期或不定期对承包人的人员、原材料、中间产品、工程设备、施工设备、工艺方法、施工环境和工程质量等进行巡视、检查。

……

7 监理机构发现由于承包人使用的原材料、中间产品、工程设备以及施工设备或其他原因可能导致工程质量不合格或造成质量问题时，应及时发出指示，要求承包人立即采取措施纠正，必要时，责令其停工整改。监理机构应对要求承包人纠正问题的处理结果进行复查，并形成复查记录，确认问题已经解决。

**【案例 4】**

## 监理旁站不到位，记录不真实

检查发现某调水工程 2019 年 6 月的监理旁站记录，在 6 月 11 日 15：00—16：00 的1 小时内，某监理员同时在相距 30km 左右的 9 号暗涵混凝土底板、12 号涵身段和桩号 XG0＋000 渠道左衬砌 108m 部位等 3 处施工作业面进行旁站，均填写了旁站监理记录，记录明显不真实；抽查 2020 年 4 月 23 日 1 号渡槽的槽身混凝土浇筑监理旁站记录，对施工过程描述不详细，无当班混凝土浇筑量、开仓和收仓时间、入仓温度及坍落度检测值等内容；在当天 14：00—18：00 时段内记录天气情况为阵雨，施工过程描述为“全程连续未中断”，但未记录遇阵雨时施工单位的防雨措施、仓面处理措施等内容。不符合 SL 288—2014《水利工程施工监理规范》第 4.2.3 条的规定。

**【法规标准依据】**

SL 288—2014《水利工程施工监理规范》

4.2.3 旁站监理。监理机构按照监理合同约定和监理工作需要，在施工现场对工程重要部位和关键工序的施工作业实施连续性的全过程监督、检查和记录。

**【案例 5】**

## 监理平行检测不满足要求

西南某省某县城防洪工程批复概算总投资约 7000 万元，总工期 12 个月。主要建设内容为：治理河道总长10km；新建土堤2km；新建混凝土挡墙护岸1km；新建护岸2km；新建穿堤涵管5座等。

检查中发现，监理单位未对水泥、砂、骨料等原材料进行平行检测；未对混凝土项目进行跟踪检测；土方填筑跟踪检测数量仅40组，不足承包人检测数量（1000组）的10%。不符合SL 288—2014《水利工程施工监理规范》第6.2.13条、第6.2.14条的规定。

**【法规标准依据】**

SL 288—2014《水利工程施工监理规范》

6.2.13　跟踪检测应符合下列规定：

……

2　跟踪检测的项目和数量（比例）应在监理合同中约定。其中，混凝土试样应不少于承包人检测数量的7%，土方试样应不少于承包人检测数量的10%。施工过程中，监理机构可根据工程质量控制工作需要和工程质量状况等确定跟踪检测的频次分布，但应对所有见证取样进行跟踪。

6.2.14　平行检测应符合下列规定：

……

3　平行检测的项目和数量（比例）应在监理合同中约定。其中，混凝土试样应不少于承包人检测数量的3%，重要部位每种标号的混凝土至少取样1组；土方试样应不少于承包人检测数量的5%，重要部位至少取样3组。施工过程中，监理机构可根据工程质量控制工作需要和工程质量状况等确定平行检测的频次分布。根据施工质量情况要增加平行检测项目、数量时，监理机构可向发包人提出建议，经发包人同意增加的平行检测费用由发包人承担。

## 二、原因分析

1. 监理单位具备监理工程师资格的监理人员总量不足，受监理成本控制等因素的影响，部分现场监理人员配备明显不足，专业配备不齐全，特别是具备监理工程师资格的专业技术人员偏少，技术力量薄弱，监理人员不能满足工程多作业面、多专业的工作需要。

2. 目前监理单位待遇较低，整体专业素质不高，现场监理人员较为年轻化，施工经验不足，对法律法规和规程规范及设计图纸熟悉程度不够，施工质量控制要点掌握不够，不能辨识和把握施工现场存在的重大质量问题。监理人员流动性大。

3. 在监理队伍整体专业素质不高的情况下，监理实施细则编制的好坏对监理工作质量会有一定的影响，但目前部分监理单位没有完全依据工程特点和施工要点编制监理规划、实施细则，内容笼统，没有针对性，甚至照搬照抄其他工程的监理规划和监理实施细则，不具有指导性，直接导致监理在原材料报验、施工设备进场、施工质量复核与验收评定，以及巡视、旁站等质量与安全控制环节流于形式。

4. 项目法人（建设单位）限于本身的技术力量薄弱，对监理单位的管理也不到位，质量管控甚至完全依附于监理单位。

## 三、措施建议

1. 项目法人（建设单位）应当加强监理单位合同履约管理，人员和专业配备必须满足合同和工程建设需要，加强对现场监理人员的检查和考核，确保“人岗相适”。

2. 监理单位应当加强自身能力建设，按照合同要求配齐监理人员，按照法律法规、规范规程标准明确和落实质量责任；加强培训和教育，定期组织本单位监理工程师、监理员和相关工作人员开展技术业务知识培训，提升监理队伍总体水平和素质。进一步加强现场人员审核，原材料、设备进场把关，以及工程建设标准强制性条文的符合性审查；做好施工现场的监理巡视和监理旁站，控制好施工现场质量与安全，及时纠正施工现场违规违章和违反设计的施工行为；把好验收关，确保验收人员到位、验收程序合规、验收标准严格，验收资料真实准确。对存在的质量问题要及时指出并跟踪整改情况，采取暂停支付等有力措施保证整改到位。

3. 加强对监理规划、监理实施细则等文件的针对性和可操作性进行审核，让其成为能够指导现场工作的可操作性文件。

4. 水行政主管部门应当加强对工程监管，规范各市场主体行为，通过加强监管规范各参建单位尽职履责。

## 第四节　工地试验室质量检测

水利工程质量检测，是指水利工程质量检测单位受项目法人、施工、监理等单位委托，依据国家有关法律、法规和标准，对水利工程实体以及用于水利工程的原材料、中间产品、金属结构和机电设备等质量特性进行的检查、测量、试验，提供检测数据和分析建议。

检测单位应当按照规定取得资质，并在资质等级许可的范围内承担质量检测业务。应当建立健全质量保证体系，采用先进、实用的检测设备和工艺，完善检测手段，提高检测人员的技术水平，确保质量检测工作的科学、准确和公正。检测单位应当按照合同和有关标准及时、准确地向委托方提交质量检测报告并对质量检测报告负责。

在监督检查中发现，检测单位工地试验室方面的问题主要表现为：检测单位资质不符合规定、出具虚假检测报告等。

### 一、典型案例

**【案例1】**

#### 工地试验室检测资质不符合要求

某大型水利枢纽工程是一座以防洪、供水为主，兼顾发电等综合效益的大型水库，总库容1.19亿$m^3$，工程总投资约16亿元，总工期32个月。主要建筑物为拦河大坝、溢洪道、引水隧洞、放空（导流）隧洞及发电厂房等，供水工程管线12.5km。

某施工单位委托的某质量检测有限公司对工程土建及机电金属结构安装工程进行施工自检工作，设立现场试验室。根据该工程规模和服务内容，检测单位应具备水利工程质量检测混凝土工程类、岩土工程类、金属结构类和机械电气类甲级资质，但检查发现，该检测单位不具备金属结构类、机械电气类甲级资质。不符合《水利工程质量检测管理规定》（2008 年水利部令第 36 号发布，2019 年水利部令第 50 号修改）第三条的规定。

**【案例 2】**

## 母体试验室授权检测项目不全

某中型水利工程现场试验检测单位，按照合同检测任务内容，现场试验检测单位需要岩土工程和混凝土工程 2 个乙级类别检测项目参数，但其母体单位授权的检测项目主要适用于混凝土工程类检测项目，缺少岩土工程类检测项目，不能满足委托合同中明确的项目法人抽检任务要求。不符合《水利工程质量检测管理规定》第三条的规定。

**【法规标准依据】**

《水利工程质量检测管理规定》（2008 年水利部令第 36 号发布，2019 年水利部令第 50 号修改）

第三条　检测单位应当按照本规定取得资质，并在资质等级许可的范围内承担质量检测业务。

检测单位资质分为岩土工程、混凝土工程、金属结构、机械电气和量测共 5 个类别，每个类别分为甲级、乙级 2 个等级。检测单位资质等级标准由水利部另行制定并向社会公告。

取得甲级资质的检测单位可以承担各等级水利工程的质量检测业务。大型水利工程（含一级堤防）主要建筑物以及水利工程质量与安全事故鉴定的质量检测业务，必须由具有甲级资质的检测单位承担。

**【案例 3】**

## 出具虚假检测报告

某水利枢纽工程位于西北某省境内，工程主要任务是在保证河流生态供水条件下，发挥防洪、灌溉、发电等综合功能，为Ⅰ等大（1）型工程，总库容约 20 亿 $m^3$，电站总装机容量 700MW。

某检测机构工地试验室取样台账记录养护间应有69组试件，实际检查养护间只有36组，其中8月4日应成型4组混凝土试件，编号分别为DL－667～DL－670，取样部位为表孔2组、26号面板、防撞墙1组，但养护间只有编号为DL－669、DL－670的2组试件；8月5日应成型3组混凝土，编号分别为DL－671～DL－673，取样部位为表孔洞2组、之字路1组，养护间未发现该3组编号试件；台账记录8月31日破型4组混凝土试件，现场未发现编号DL－665、DL－666试件（取样部位为表孔洞、26号面板各1组），且不能提供8月31日破型的4组试件的混凝土强度破坏荷载实测值原始记录。不符合《水利工程质量检测管理规定》（2008年水利部令第36号发布，2019年水利部令第50号修改）第十七条的规定。

**【法规标准依据】**

《水利工程质量检测管理规定》（2008年水利部令第36号发布，2019年水利部令第50号修改）

第十七条　检测单位应当按照合同和有关标准及时、准确地向委托方提交质量检测报告并对质量检测报告负责。任何单位和个人不得明示或者暗示检测单位出具虚假质量检测报告，不得篡改或者伪造质量检测报告。

## 二、原因分析

1. 检测单位工地实验室人员配备不足，影响了检测工作的正常开展，工地试验室擅自减少检测项目和数量，并出具虚假检测报告。

2. 混凝土试件抗压强度不符合要求，检测单位工地试验室受委托单位的压力，故意隐藏混凝土强度破坏荷载实测值原始记录。

3. 检测单位管理力量薄弱，对在工地设置的试验室管理不到位，未能及时发现和纠正存在的问题。

4. 委托单位对检测工作未履行监督、检查职能，甚至还可能唆使检测单位造假。

5．项目法人对委托单位和受委托单位的相关检测工作监督、检查不到位。

### 三、措施建议

1．检测单位应当强化诚信意识，增加工地试验室检测人员和经费，加强内控制度建设和管理，按照规定做好有关项目检测工作，杜绝虚假检测报告的出现；增强管理力量，加强对工地试验室的管理，设置工地试验室要量力而行，保证工地试验室始终处于受控状态；加强检测人员专业能力培训，提升检测人员专业素质，完善检测人员执业资格管理，确保检测成果真实、准确。

2．项目法人应当加强对委托单位和受委托单位相关工作的监督、检查，保证工程范围内的各种检测工作正常进行。

3．委托单位应当对检测工作履行监督、检查职能，正确对待检测不合格结果，认真分析不合格原因，找出工程建设中存在的问题并全面进行整改。任何个人不得明示或者暗示检测单位出具虚假质量检测报告，不得篡改或者伪造质量检测报告。

4．相关水行政主管部门将检查出的严重违规问题纳入检测单位信用评价体系，严厉打击超资质承揽检测任务和出具虚假检测报告的单位和行为。

## 第五节　质量检验与评定

质量检验是通过检查、量测、试验等方法对工程质量特性进行的符合性评价。质量评定是将质量检验结果与国家和行业技术标准以及合同约定的质量标准所进行的比较活动。

施工单位在施工过程中要加强工程质量检验工作，必须建立、健全施工质量的检验制度，检验项目、数量和方法应当符合规定，质量检验数据应当真实可靠，检验记录及签证应完整齐全。严格工序管理，做好隐蔽工程的质量检查和记录，切实做好工程质量的全过程控制。监理机构可通过现场察看、查阅施工记录以及旁站监理、跟踪检测和平行检测等方式，对施工质量进行控制。

在监督检查中发现，质量检验与评定方面的问题主要表现为：项目划分不合理、单元工程质量评定不真实、重要隐蔽（关键部位）单元工程质量评定签证不规范等问题。

## 一、典型案例

**【案例1】**

### 项目划分不合理

东北某大型供水工程，建设内容包括2条干渠和19条支渠，以及隧洞、渡槽、箱涵等建筑物。

某段箱涵长191m，包括2个闸室、2段箱涵，混凝土跳仓施工，将底板、边墙、顶板按通长划分为3个单元，划分不符合施工实际情况，导致单元评定验收不及时，且项目划分未报质量监督机构确认。不符合SL 176—2007《水利水电工程施工质量检验与评定规程》第3.3.1条的规定。

**【法规标准依据】**

SL 176—2007《水利水电工程施工质量检验与评定规程》

3.3.1 由项目法人组织监理、设计及施工等单位进行工程项目划分，并确定主要单位工程、主要分部工程、重要隐蔽单元工程和关键部位单元工程。项目法人在主体工程开工前将项目划分表及说明书面报相应工程质量监督机构确认。

**【案例2】**

### 单元工程质量评定不真实

某重大引调水工程，由水源工程和输水工程组成。输水总干渠总长超600km，工程总投资超800亿元，总工期96个月。

经查，某隧洞1-1号施工支洞喷锚支护（桩号X11K0＋000～X11K0＋015）单元工程施工质量评定中，单元工程名称与项目划分给定的代码不一致，备查资料中钢支撑、小导管、锚杆、喷混凝土、排水孔工序初检、复检、终检检查记录、监理平行检测记录均为同一人笔迹。抽查《总干渠某取水口至某隧洞进口段渠道土石方填筑单元工程》评定资料，发现主控项目铺土厚度填写值为45cm，碾压后厚度也为45cm，明显不合理，但质量评定结论为合格。不符合《水利工程质量管理规定》（1997年水利部令第7号发布，2017年水利部令第49号修改）第三十二条的规定。

**【法规标准依据】**

《水利工程质量管理规定》（1997年水利部令第7号发布，2017年水利部令第49号修改）

第三十二条　施工单位要推行全面质量管理，建立健全质量保证体系，制定和完善岗位质量规范、质量责任及考核办法，落实质量责任制。在施工过程中要加强质量检验工作，认真执行“三检制”，切实做好工程质量的全过程控制。

**【案例3】**

## 重要隐蔽部位单元工程验收不规范

南部某省某水库引水灌区工程，建设内容包括3条干渠和19条支渠，以及隧洞、渡槽、闸门等附属建筑物，其中干渠总长121km，支渠总长166km。工程静态总投资56.59亿元。

2019年12月已完成某河渡槽槽墩钻孔灌注桩、槽墩基础开挖、槽墩承台混凝土、薄壁墩基础混凝土等76个重要隐蔽单元工程施工并通过联合验收，截至2020年8月，上述重要隐蔽单元工程质量等级签证资料仍不齐全，不具备报送质量监督机构核备的条件。不符合SL 176—2007《水利水电工程施工质量检验与评定规程》第5.3.2条的规定。

**【法规标准依据】**

SL 176—2007《水利水电工程施工质量检验与评定规程》

5.3.2　重要隐蔽单元工程及关键部位单元工程质量经施工单位自

评合格、监理单位抽检后，由项目法人（或委托监理）、监理、设计、施工、工程运行管理（施工阶段已经有时）等单位组成联合小组，共同检查核定其质量等级并填写签证表，报工程质量监督机构核备。重要隐蔽单元工程（关键部位单元工程）质量等级签证表见附录F（略）。

## 二、原因分析

1. 评定资料数量大，评定工作较为繁杂。水利工程量大，工期较长，项目划分比较复杂，单元工程的数量较多，相应的单元评定资料数量巨大，造成工程实际情况与评定验收资料“两张皮”现象普遍。

2. 现场监理人员配备明显不足，专业技术水平薄弱，对评定资料不够熟悉，复核工作不到位，存在签字走流程现象，导致部分资料不真实、不准确。

3. 项目法人（建设单位）对施工单位、监理单位的质量管理工作监督、检查不到位，不能督促监理单位、施工单位及时验收，对报送的评定验收资料疏于审核，签字流于形式，发现问题的能力和素质有待提高。

## 三、措施建议

1. 加强对质量评定验收工作的监督管理，加强对水利水电工程单元工程施工质量验收评定表宣贯工作，指导相关从业人员理解表格的具体含义和填写规则，建议修订现行的施工质量验收评定标准，适当优化检验程序，简化评定资料，减轻参建单位负担，同时加强施工质量过程控制，确保检验资料真实、准确，而非编资料。

2. 充分利用当前信息技术的发展，推进评定验收工作电子化、信息化、智能化。抓好填报端口的真实性控制，利用智能信息化手段，检验填报数据的真实性，减少重复环节，提升工作效率，同时避免工程资料堆积如山。

3. 督促建设单位要落实好首要责任，加强对监理、施工单位施工质量评定工作的管理，杜绝工程实际情况与评定验收资料“两张皮”现象。

# 第六节　工程实体质量

水利工程质量实行项目法人（建设单位）负责、监理单位控制、施工单位保证和政府监督相结合的质量管理体制。施工单位必须依据国家、水利行业有关工程建设法规、技术标准的规定以及设计文件和施工合同的要求进行施工，并对其施工的工程质量负责。

本节主要列举土石方工程、混凝土工程和金属结构等工程实体质量的问题案例。

## 一、典型案例

**【案例 1】**

### 土方填筑不符合设计要求

某河流治理工程位于东南沿海某省，其中某市境内河长 56km，主要功能为防洪（潮），工程建筑物级别为 3 级，主要建设内容为堤防加固 18km，重建水闸 13 座，重建穿堤涵管 12 座，新建穿堤涵管 10 座。

现场检查发现，初步设计要求该工程堤身填筑采用的土料黏粒含量宜为 10%～35%，塑性指数宜为 7～20，渗透系数为 $K \leqslant 10^{-4}$ cm/s，不得含有根茎、砖瓦、垃圾等。现场检查发现，某堤桩号 Z1＋000～Z1＋500 段填筑料为细沙和砾石的混合料，桩号 Z2＋500～Z2＋900 段部分填筑料含有大量砖块。不符合《水利工程质量管理规定》（1997 年水利部令第 7 号发布，2017 年水利部令第 49 号修改）第三十条的规定。

**【法规标准依据】**

《水利工程质量管理规定》（1997 年水利部令第 7 号发布，2017 年水利部令第 49 号修改）

第三十条　施工单位必须依据国家、水利行业有关工程建设法规、技术规程、技术标准的规定以及设计文件和施工合同的要求进行施工，并对其施工的工程质量负责。

**【案例 2】**

## 大坝坝体填筑不符合设计要求

现场检查某大型水利枢纽工程发现，主坝迎水面高程 100m 以上干砌石护坡大部分块石粒径小于 20cm，砌石之间未靠紧且采用小块石找平，实测部分干砌石护面坝坡线误差为 10cm，与设计要求的块石粒径应大于 40cm，不得在砌筑面以小块石、片石找平，其外缘与设计坝坡线误差不超过 5cm 不符。不符合 SL 631—2012《水利水电工程单元工程施工质量验收评定标准——土石方工程》第 7.2.2 条的规定。

**【法规标准依据】**

SL 631—2012《水利水电工程单元工程施工质量验收评定标准——土石方工程》

7.2.2　干砌石单元工程施工质量标准见表 7.2.2（略）。

**【案例 3】**

## 隧洞开挖支护不符合规范要求

某大（1）型长距引调水工程是某省水资源配置的核心工程，主要施工内容为输水隧洞。现场检查发现，部分Ⅴ类围岩隧洞开挖时普遍存在超挖现象，施工单位采用木模板、编织袋等物遮挡后挂网喷射混凝土，围岩与挂网喷射混凝土间存在空腔，实测空腔最大深度 150cm，面积最大覆盖整个开挖断面；边顶拱喷锚支护存在大面积露筋、漏喷、厚度不足等问题。不符合 DL/T 5181—2003《水电水利工程喷锚支护施工规范》第 8.1.5 条的规定。

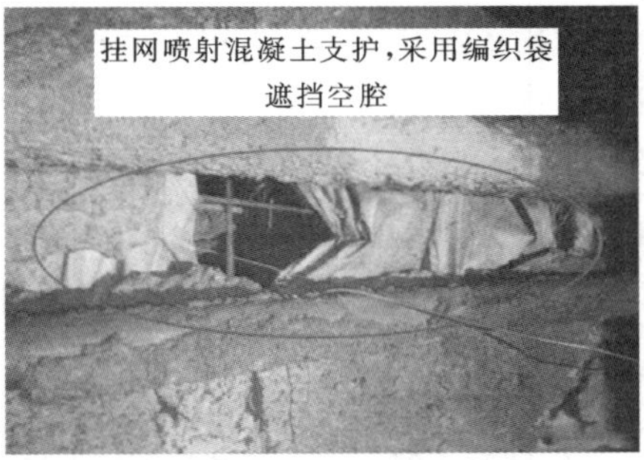


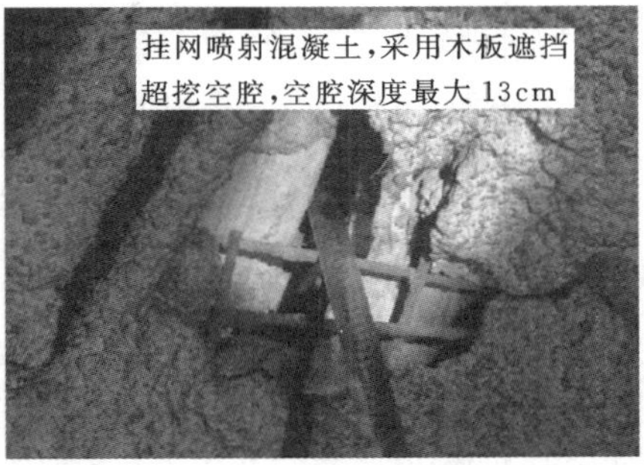


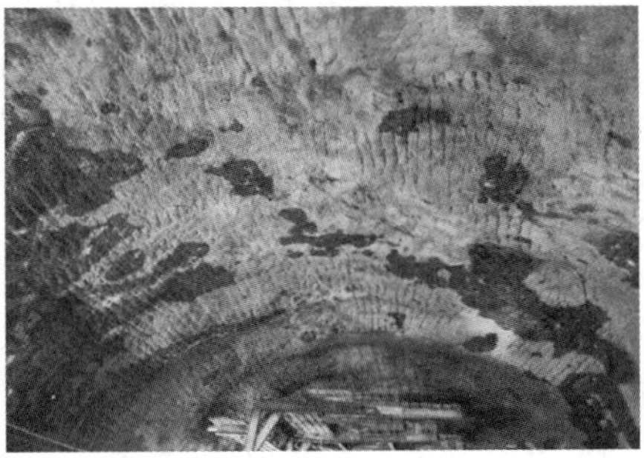

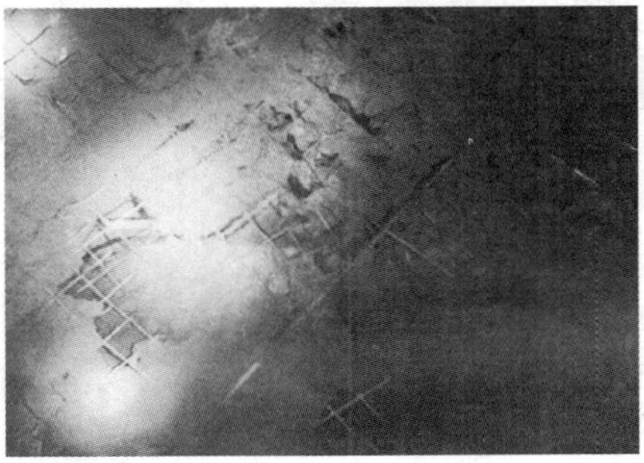

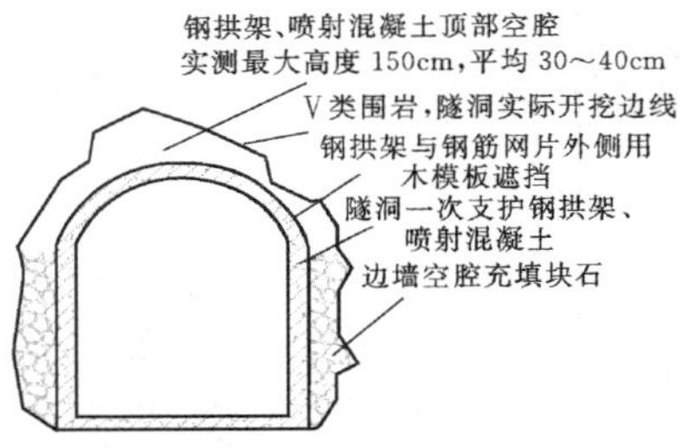


Ⅴ类围岩隧洞超挖，实际支护示意图

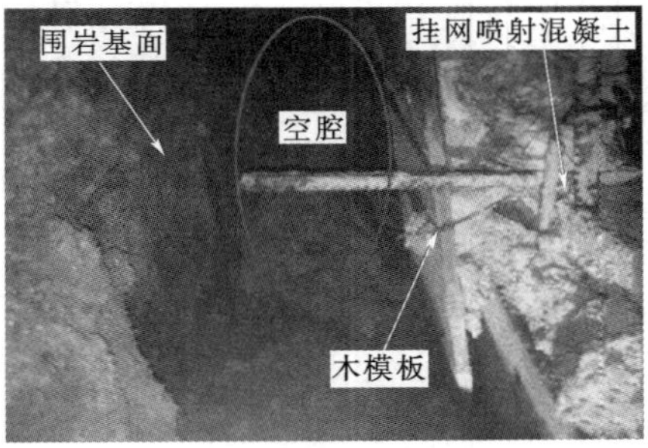


**【法规标准依据】**

DL/T 5181—2003《水电水利工程喷锚支护施工规范》

8.1.5　喷射混凝土必须填满钢筋与岩面之间的空隙，并与钢筋黏结良好。钢筋网的混凝土保护层厚度应符合设计要求。

**【案例 4】**

## 施工缝处理不符合规范要求

现场检查某大（2）型水利枢纽工程发现，溢洪道消力池段右侧边墙桩号 0+200～0+250 高程 100.00m 处两个仓面的混凝土施工缝面存在大量浮渣，混凝土施工缝面处理不符合 SL 677—2014《水工混凝土施工规范》第 7.4.19 条的规定。

**【法规标准依据】**

SL 677—2014《水工混凝土施工规范》

7.4.19　混凝土施工缝面无乳皮，微露粗砂，有特殊要求的部位微露小石。

**【案例 5】**

## 模板板面不光洁、拼缝不严密

某水利枢纽工程主厂房发电机组蜗壳某仓混凝土浇筑施工，已完成工序验收的模板板面不光洁、扭曲变形、孔洞较多、拼缝不严密。不符合 SL 677—2014《水工混凝土施工规范》第 3.1.1 条的规定。

【法规标准依据】

SL 677—2014《水工混凝土施工规范》

3.1.1　模板应符合下列要求：

……

4　模板板面光洁、平整，拼缝严密，不漏浆。

【案例 6】

## 钢筋安装不符合规范要求

某隧洞混凝土衬砌施工中，钢筋安装存在以下问题：部分 $\phi$20 螺纹钢单面焊焊缝长度不足 20cm；焊缝普遍存在不饱满，咬边严重，焊缝还存在气孔、夹渣、焊渣未敲除；部分分布钢筋与受力钢筋未接触、个别钢筋焊接部位烧伤等。现场抽取 2 组焊接接头，拉伸实验检测均不合格。不符合 SL 632—2012《水利水电工程单元工程施工质量验收评定标准——混凝土工程》第 4.4.2 条的规定。

钢筋接头焊接长度不足

钢筋接头烧坏损伤

焊缝咬边严重，焊缝不饱满

分部钢筋与受力钢筋未接触

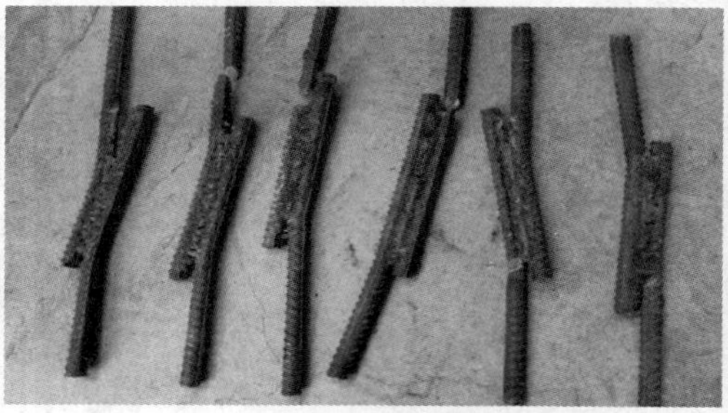

2组钢筋焊接接头拉伸试验均不合格

**【法规标准依据】**

SL 632—2012《水利水电工程单元工程施工质量验收评定标准——混凝土工程》

4.4.2　钢筋制作及安装施工质量标准见表4.4.2-1（略），钢筋连接施工质量标准见表4.4.2-2（略）。

**【案例 7】**

## 止水安装不符合规范要求

某隧洞桩号 1+810 两侧结构缝橡胶止水带接头不合格，采用冷黏结，手撕即开，不满足施工技术要求；止水带保护不到位，直接搭在钢筋端头处，桩号 1+550 和 1+580 两处止水带被钢筋穿透，破损。边顶混凝土单元顶板环形橡胶止水带 2 处接头未采用热熔焊接，直接采用搭接，橡胶止水失效。不符合 SL 677—2014《水工混凝土施工规范》第 10.2.2 条和第 10.2.3 条的规定。

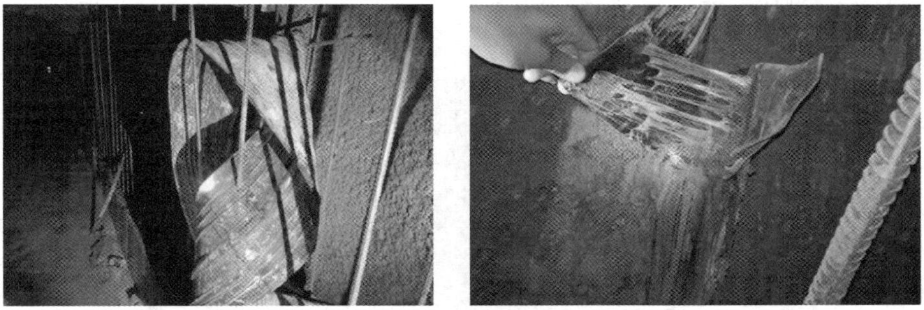

橡胶止水带破损

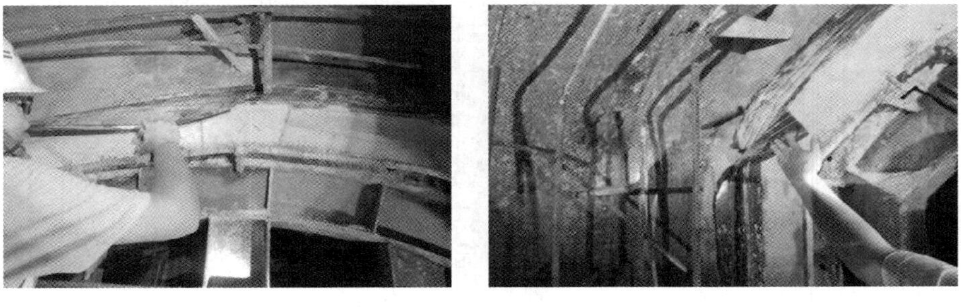

橡胶止水带未采用热熔焊接

**【法规标准依据】**

SL 677—2014《水工混凝土施工规范》

10.2.2 ……非金属止水片不应有气孔，应塑化均匀，有变形、裂纹和撕裂的不应使用。

10.2.3 止水片连接与质量检查应遵守下列规定：

……

2 橡胶止水片连接宜采用硫化热粘接……

**【案例8】**

## 混凝土浇筑质量不符合规范要求

某大型水利枢纽工程厂房、廊道混凝土浇筑存在如下质量问题：

厂房进水口闸门门轨二期混凝土、1号机组号1仓左侧面混凝土浇筑不密实，存在蜂窝。不符合SL 677—2014《水工混凝土施工规范》第7.4.13条的规定。

厂房进水口闸墩、厂房3号机蜗壳层下游侧等部位混凝土外露面存在明显错台。不符合SL 677—2014《水工混凝土施工规范》第11.4.4条的规定。

上游灌浆廊道桩号0+100、0+200处局部存在渗水点，未及时处理。不符合SL 677—2014《水工混凝土施工规范》第11.4.4条的规定。

厂房机架桥排架柱浇筑于拆模后发现6根柱体底部表层存在蜂窝、骨料架空现象。不符合SL 677—2014《水工混凝土施工规范》第11.4.4条的规定。

灌浆廊道内渗水点

【法规标准依据】

SL 677—2014《水工混凝土施工规范》

7.4.13　混凝土振捣应遵守下列规定：（略）。

11.4.4　混凝土拆模后，应检查其外观质量。有混凝土裂缝、蜂窝、麻面、错台和模板走样等质量问题或缺陷时应及时检查和处理。

【案例 9】

## 金属结构制造防腐不符合规范要求

某大型水利枢纽工程发电厂房 1 号发电机组压力钢管焊缝及尾水肘管管件组合焊缝，未按规范要求对预留区域重新进行表面预处理及涂装；1 号、2 号发电机组压力钢管外表面存在多处锈迹、保护水泥砂浆开裂及脱落的情况，且未及时修补。不符合 SL 105—2007《水工金属结构防腐蚀规范》第 4.3.8 条和第 4.5.4 条的规定。

【法规标准依据】

SL 105—2007《水工金属结构防腐蚀规范》

4.3.8　在工地焊缝两侧各 100～150mm 宽度内宜先涂装不影响焊接性能的车间底漆，厚度应为 20μm 左右。安装后，应按相同技术要求对预留区域重新进行表面预处理及涂装。

4.5.4　水泥浆涂装后应及时进行喷水养护。埋入前，水泥浆表面如有锈迹出现或开裂、脱落等现象，将失效的水泥浆予以清除即可。

【案例 10】

## 闸门焊缝修磨、水封安装不符合规范要求

某大型混凝土重力坝某坝段左侧低孔弧门迎水面及闸门底缘处对接焊缝修磨不彻底，局部不满足光滑平整的技术要求；左侧底部水封橡皮与侧面止水橡皮未紧密贴合。不符合 GB/T 14173—2008《水利水电工程钢闸门制造、安装及验收规范》第 7.5.1 条和第 8.2.7 条的规定。

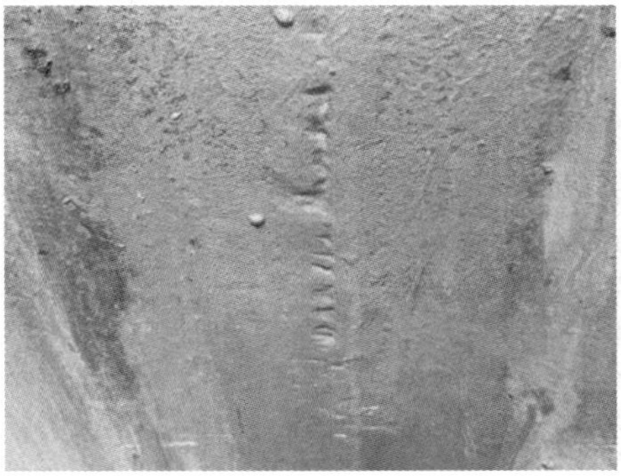 

**【法规标准依据】**

GB/T 14173—2008《水利水电工程钢闸门制造、安装及验收规范》

7.5.1　除本标准另有规定者外，弧形闸门门叶制造、组装的允许公差与极限偏差应符合表16（略）的规定。

8.2.7　止水橡皮接头可采用生胶热压等方法胶合，胶合接头处不得有错位、凹凸不平和疏松现象；若采用常温粘合剂胶合，抗拉强度应不低于附录D（略）中的橡胶水封抗拉强度的85%。

## 二、原因分析

1. 施工单位对工程实体内在质量不重视，现场质量管理不到位，质检人员质量意识不强，未能很好地履职；工程技术和质量管理人员总体紧缺，施工现场质量管理人员配备不足。

2. 施工组织不当，实操过程中没按照相关规范要求施工，导致土方填筑、混凝土施工过程中，各道工序施工通病问题普遍，如混凝土施工过程中模板平整度、刚度不满足要求，浇筑过程中模板移位、变形严重，施工放样不认真，模板位置、排水管位置、钢筋位置不准，钢筋连接、止水连接不规范，混凝土浇筑不密实、养护不到位等，个别项目还存在混凝体强度不合格的情况。

3. 对基础处理等重要隐蔽工程没有严格按照设计和规范要求进行施工，现场检查、验收环节缺失，其单元工程质量等级也没按规定由联合小组核定并签证。

4. 施工单位为降低施工成本、补充施工预算缺口，模板周转次数多、支撑体系不完善，混凝土养护不到位，

5. 监理单位具有监理工程师资格的人员总数不多，现场监理机构专业监理工程师配备不足，旁站、巡视检查不到位，检查、验收把关不严。

## 三、措施建议

1. 施工单位应当高度重视工程实体质量，增加现场管理力量，严格要求，加强管理，严格按照规定进行质量检验和评定。

2. 施工单位应当及时更换不满足施工要求的分包单位和施工班组，按照优质优价的原则，提高分包价，选择优良的分包单位和施工班组。

3. 监理单位应当按照投标承诺配足监理人员，保证旁站、巡视检查到位，按照设计和规范要求进行检查，严格把关，对存在的问题要及时指出并采取有力措施保证整改到位。

4. 项目法人应当加强对工程质量的监督、检查，组织落实质量终身责任制，层层签订质量终身责任承诺书，层层传导并压实现场质量管理责任。

# 相关法律法规、规范性文件和技术标准

1. 《建设工程质量管理条例》（2000 年国务院令第 279 号发布，2019 年国务院令第 714 号修改）

2. 《水利工程质量管理规定》（1997 年水利部令第 7 号发布，2017 年水利部令第 49 号修改）

3. 《水利工程质量检测管理规定》（2008 年水利部令第 36 号发布，2019 年水利部令第 50 号修改）

4. 《水利工程建设项目管理规定（试行）》（水建〔1995〕128 号发布，水利部令第 48 号修改）

5. 《中共中央 国务院关于开展质量提升行动的指导意见》（中发〔2017〕24 号）

6. SL 176—2007《水利水电工程施工质量检验与评定规程》

7. SL 631—2012《水利水电工程单元工程施工质量验收评定标准——土石方工程》

8. SL 632—2012《水利水电工程单元工程施工质量验收评定标准——混凝土工程》

9. SL 288—2014《水利工程施工监理规范》

10. SL 677—2014《水工混凝土施工规范》

11. DL/T 5181—2003《水电水利工程喷锚支护施工规范》

12. SL 105—2007《水工金属结构防腐蚀规范》

13. GB/T 14173—2008《水利水电工程钢闸门制造、安装及验收规范》

# 第六章　安全生产管理

水利水电工程施工安全生产管理，是指项目法人、勘察单位、设计单位、施工单位、监理单位及其他参与水利水电工程建设的单位，依据法律、法规和标准，履行安全生产责任，对水利水电工程施工现场安全生产实施管理，落实安全生产措施，防止和减少安全事故，保障人民生命财产安全的行为。近年来，国家颁布了《中华人民共和国安全生产法》《建设工程安全生产管理条例》《生产安全事故应急条例》多项法律、法规，水利部连续出台了《水利工程建设安全生产管理规定》《水利水电工程施工安全管理导则》《水利水电工程施工安全防护设施技术规范》《水利水电工程施工通用安全技术规程》等规章、标准，不断加强安全生产管理工作，防止和减少了生产安全事故的发生。

在监督检查中发现，当前大部分水利工程建设参建单位能够重视安全生产管理工作，较为规范地落实各项安全管理措施，但仍存在诸多普遍性、典型性问题，应当引起重视，主要表现在安全生产管理制度不完善或未落实、安全生产费用管理不规范、安全技术措施和专项施工方案管理不合规、作业安全管理不到位、安全风险管控与隐患排查治理不到位、应急管理不到位等方面。本章从此六方面挑选典型案例，进行原因分析，并提出措施建议。

## 第一节　安全生产管理制度

安全生产管理制度是生产经营单位贯彻国家有关安全生产法律法规、国家和行业标准，贯彻国家安全生产方针、政策的行动指南。其中，安全生产责任制是安全生产管理制度的核心，是最基本的安全生产管理制度。《水利水电工程施工安全管理导则》对各参建单位安全生产责任制、安全生产管理制度的建立、落实做出了具体规定。

在监督检查中发现，在建水利工程主要存在安全生产责任制不健全或制订错误、责任书千篇一律及安全生产管理制度不健全、不完善、不落实等问题。

## 一、典型案例

**【案例1】**

### 安全生产责任制不健全或制订错误、责任书千篇一律

某工程是以城乡生活和工业供水、农业灌溉为主，兼顾发电等综合利用的Ⅱ等大（2）型工程，由大坝枢纽、供水灌溉、发电等工程组成。该工程于2018年开工，工期为4年。

检查中发现，项目法人制订的安全生产责任制中缺少各部门的责任范围和考核标准。

监理单位制订的安全生产责任制中，将应由总监理工程师负责的“审批专项施工方案”的职责列入副总监理工程师的职责。抽查《主洞爆破专项施工方案》《临时用电专项施工方案》等专项施工方案也错误地由副总监理工程师代替总监理工程师审批。

施工单位项目经理与各部门签订的安全生产目标责任书中，各部门职责完全一致，不符合工程实际。检查人员现场询问施工单位工程技术部负责人有关专项施工方案编制审批、安全技术交底、隐患排查治理等情况，该负责人表示这是安全部的事，不是他们的职责。

不符合SL 721—2015《水利水电工程施工安全管理导则》第3.2.5条、第4.5.1条、第7.3.3条、第11.1.1条和SL 288—2014《水利工程施工监理规范》第3.3.4条的规定。

**【法规标准依据】**

SL 721—2015《水利水电工程施工安全管理导则》

3.2.5　各参建单位应加强内部目标管理，逐级签订安全生产目标责任书，实行分级控制。

4.5.1　各参建单位应建立健全以主要负责人为核心的安全生产责任制，明确各级负责人、各职能部门和各岗位的责任人员、责任范围和考核标准。

7.3.3　专项施工方案应由施工单位技术负责人组织施工技术、安全、质量等部门的专业技术人员进行审核。经审核合格的，应由施工单位技术负责人签字确认。实行分包的，应由总承包单位和分包单位技术负责人共同签字确认。

无需专家论证的专项施工方案，经施工单位审核合格后应报监理单位，由项目总监理工程师审核签字，并报项目法人备案。

11.1.1　各参建单位应建立健全事故隐患排查制度，逐级建立并落实从主要负责人到每个从业人员的事故隐患排查责任制。

SL 288—2014《水利工程施工监理规范》

3.3.4　总监理工程师可书面授权副总监理工程师履行其部分职责，但下列工作除外：

4　审批承包人按有关安全规定和合同要求提交的专项施工方案、度汛方案和灾害应急预案。

**【案例 2】**

## 安全生产管理制度不健全、不完善、不落实

某中型水库工程以农业灌溉、乡村供水为主，主要建设内容为黏土心墙石渣坝、溢洪隧洞、放空（导流）洞、取水隧洞及其他渠系建筑物。该工程于 2019 年开工，工期为 3 年。

检查中发现，项目法人编制的《安全生产管理制度》中无安全生产费用管理、安全技术措施审查、生产安全事故隐患排查治理、应急管理等内容。

设计单位现场设代处仅制订《安全生产目标管理制度》《安全教育培训制度》，不能满足项目现场安全管理工作需要。

监理单位编制的安全监理方案中无安全防护设施、危险源监控管理、重大事故隐患治理等监理内容。

施工单位制订的《安全生产费用制度》规定每月对工程部进行一次安全生产费用落实情况的检查，但实际未开展。

不符合 SL 721—2015《水利水电工程施工安全管理导则》第 5.1.2 条、第 5.1.4 条、第 5.1.7 条、第 5.1.8 条和 SL 288—2014《水利工程施工监理规范》第 6.5.3 条的规定。

**【法规标准依据】**

SL 721—2015《水利水电工程施工安全管理导则》

5.1.2　……各参建单位应将法律、法规、规章、制度和标准的相关要求转化为内部管理制度贯彻执行。

……

5.1.4　项目法人应建立但不限于下列安全生产管理制度：

1　安全目标管理制度；

2　安全生产责任制度；

3　安全生产费用管理制度；

4　安全技术措施审查制度；

5　安全设施“三同时”管理制度；

6　安全生产教育培训制度；

7　生产安全事故隐患排查治理制度；

8　重大危险源和危险物品管理制度；

9　安全防护设施、生产设施及设备、危险性较大的单项工程、重大事故隐患治理验收制度；

10　安全例会制度；

11　消防、社会治安管理制度；

12　安全生产档案管理制度；

13　应急管理制度；

14　事故管理制度等。

5.1.7　其他有关参建单位应根据《适用的安全生产法律、法规、规章、制度和标准清单》和相关要求，制订本单位的安全管理制度，应至少包括安全生产责任制度、安全生产教育培训制度、安全生产检查制度等。

5.1.8　安全生产管理制度应至少包含下列内容：

1　工作内容；

2　责任人（部门）的职责与权限；

3　基本工作程序及标准。

SL 288—2014《水利工程施工监理规范》

6.5.3　监理机构编制的监理规划应包括安全监理方案，明确安全监理的范围、内容、制度和措施，以及人员配备计划和职责。……

## 二、原因分析

1. 项目法人未及时组织有关参建单位识别适用的安全生产法律法规、技术标准或识别不全，部分参建单位对相关法律法规、技术标准学习不够，难以将有关要求转化为内部管理制度贯彻执行，导致本单位制订的安全生产管理制度与日常安全管理实际不匹配、现场未按照制度落实等问题，导致安全生产管理制度形同虚设。

2. 部分参建单位未按规定明确安全生产职责，片面认为安全工作全部由安全生产管理人员来做，安全责任全部由安全生产管理人员承担。案例1中，专项施工方案是针对达到或超过一定规模的危险性较大的单项工程编制的方案，包含工程施工工艺技术、安全技术措施等内容；安全技术交底工作应根据不同的交底内容，分别由施工单位技术负责人、有关技术人员、班组长承担；而隐患排查更应是全员参与，但该工程技术部负责人认为这些均不是其职责，这充分说明该施工单位没有层层落实安全生产责任制，没有认真落实“一岗双责”。

## 三、措施建议

1. 安全生产并非独立于生产，而是贯穿于生产过程的每一环节；安全生产人人有责，而不只是安全管理部门和安全管理人员的事。各参建单位应当坚持“党政同责、一岗双责、齐抓共管、失职追责”的原则，由主要负责人组织建立横向到边、纵向到底的安全生产责任制，认真履行安全生产主体责任。建议依法依规制订具体细致的全员安全生产责任清单，将各级负责人、各职能部门、各岗位工作人员的安全生产责任加以明确。

2. 各参建单位应当及时组织识别、学习适用的安全生产法律法规、技术标准，结合本单位、部门、班组、岗位的实际情况制订安全生产管理制度，采取多种形式组织全体从业人员学习，并贯彻执行。安全生产管理制度应包含工作内容、责任人（部门）的职责与权限、基本工作程序及标准等内容，应简洁、明确，切忌照搬照抄。其中，安全生产责任制度应当解决“谁来管，管什么，怎么管，承担什么责任”的问题，其他安全生产管理制度重点解决“干什么，怎么干”的问题。

3. 水行政主管部门在检查安全生产管理制度时，要关注制度是否符合法律法规要求、是否按要求落实。

## 第二节 安全生产费用管理

安全生产费用是《中华人民共和国安全生产法》中明确规定的专门用于改善安全生产条件的资金，是生产经营单位的“救命钱”。《水利工程建设安全生产管理规定》《企业安全生产费用提取和使用管理办法》等对安全生产费用提取比例、使用范围等内容做出了详细规定。

在监督检查中发现，在建水利工程主要存在安全生产费用未列入标外管理、施工合同中未列安全生产费用、安全生产费用未做到专款专用等问题。

### 一、典型案例

**【案例】**

**安全生产费用未列入标外管理、施工合同中未明确安全生产费用、安全生产费用未做到专款专用**

某中型水库工程以农业灌溉、乡村供水为主，主要建设内容为黏土心墙石渣坝、溢洪隧洞、放空（导流）洞、取水隧洞及其他渠系建筑物。

该工程于2018年开工，工期为3年。

抽查项目法人提供的工程招标文件，其在工程量清单“独立费”中单列了“安全生产费用清单子目”，共280万元，但是没有明确将安全生产费用列为标外管理，不得作为竞争性费用。施工单位提供的投标文件中，安全生产费用和其他费用一样进行了下浮让利，实际中标价中含安全生产费用为252万元，较招标价减少了28万元。

抽查项目法人与施工单位签订的施工合同，其中无安全生产费用的支付计划、使用要求、调整方式等约定条款。

抽查施工单位安全生产费用管理台账，将不属于安全生产费用的工伤保险费、办公费、环保费等列入其中。

不符合《企业安全生产费用提取和使用管理办法》（财企〔2012〕16号）第七条、第十九条和SL 721—2015《水利水电工程施工安全管理导则》第6.1.3条、第6.1.4条的规定。

**【法规标准依据】**

《企业安全生产费用提取和使用管理办法》（财企〔2012〕16号）

第七条 建设工程施工企业以建筑安装工程造价为计提依据。各建设工程类别安全费用提取标准如下：

……

（二）房屋建筑工程、水利水电工程、电力工程、铁路工程、城市轨道交通工程为2.0%。

……

建设工程施工企业提取的安全费用列入工程造价，在竞标时，不得删减，列入标外管理。国家对基本建设投资概算另有规定的，从其规定。……

第十九条 建设工程施工企业安全费用应当按照以下范围使用：

（一）完善、改造和维护安全防护设施设备支出（不含“三同时”要求初期投入的安全设施），包括施工现场临时用电系统、洞口、临边、机械设备、高处作业防护、交叉作业防护、防火、防爆、防尘、防毒、防雷、防台风、防地质灾害、地下工程有害气体监测、通风、临时安全防护等设施设备支出；

（二）配备、维护、保养应急救援器材、设备支出和应急演练支出；

（三）开展重大危险源和事故隐患评估、监控和整改支出；

（四）安全生产检查、评价（不包括新建、改建、扩建项目安全评价）、咨询和标准化建设支出；

（五）配备和更新现场作业人员安全防护用品支出；

（六）安全生产宣传、教育、培训支出；

（七）安全生产适用的新技术、新标准、新工艺、新装备的推广应用支出；

（八）安全设施及特种设备检测检验支出；

（九）其他与安全生产直接相关的支出。

SL 721—2015《水利水电工程施工安全管理导则》

6.1.3　项目法人在工程承包合同中应明确安全生产所需费用、支付计划、使用要求、调整方式等。

6.1.4　水利水电工程建设项目招标文件中应包含安全生产费用项目清单，明确投标方应按有关规定计取，单独报价，不得删减。

## 二、原因分析

1. 案例中，项目法人错误地把安全生产费用当作一般费用管理，在招标文件中没有明确不得删减、不得作为可竞争性的费用。

2. 施工单位对安全生产费用的使用范围认识不清，存在挤占安全生产费用的现象。而项目法人、监理单位也未按规范要求对安全生产费用的落实情况进行检查，对安全生产费用未专款专用的现象未及时发现并要求整改。

## 三、措施建议

1. 招标文件中应当包含安全生产费用项目清单，投标方应按有关规定计取，单独报价，不得删减。在工程承包合同中必须按照国家现行有效的法规，规范明确安全生产所需费用、支付计划、使用要求、调整方式等。

2. 针对未能足额提取安全生产费用的项目，建议项目法人及时向上级主管部门提交申请，从工程招标结余或预备费中列支安全生产费用或补齐安全生产费用，确保工程安全生产费用足额投入。

3. 施工单位应当按照规定提取和使用安全生产费用，做到安全生产费用专款专用，保证安全生产费用足额到位和使用。监理单位应当对施工单位落实安全年生产费用情况进行监理，并在监理月报中反映监理及施工单位安全生产工作开展情况、工程现场安全状况和安全生产费用使用情况。项目法人应当至少每半年组织有关参建单位和专家对安全生产费用使用落实情况进行检查，并将检查意见通知施工单位。

4. 地方政府应当健全安全投入保障制度，及时梳理相关法规标准，更新或废止过时规范。

## 第三节　安全技术措施和专项施工方案管理

安全技术措施是为消除生产过程中的不安全因素、防止人身伤害和职业危害、改善劳动条件和保证生产安全所采取的各项技术组织措施。专项施工方案是施工单位在编制施工组织设计的基础上，针对危险性较大的单项工程编制的安全技术措施文件。《水利工程建设安全生产管理规定》等对安全技术措施和专项施工方案的编制、审查、交底、监督等进行了明确规定。

在监督检查中发现，在建水利工程主要存在保证安全生产的措施方案编制及报备不规范、危险性较大的单项工程安全技术管控不到位、安全技术措施交底工作不到位等问题。

### 一、典型案例

**【案例 1】**

**项目法人保证安全生产的措施方案编制及报备不规范**

某重大水利工程是以城乡供水为主，结合灌溉，兼顾发电等综合利用的水利枢纽工程，由水库枢纽工程、右岸城市供水工程和左岸城乡供水及灌溉工程等组成。工程于2016年开工，总工期为38个月。

检查中发现，项目法人组织编制的该工程安全生产措施方案中无“生产安全事故的应急救援预案”和“工程度汛方案”内容；该工程于2016年11月8日开工，安全生产措施方案于2018年3月15日报备，时间间隔16个月。不符合《建设工程安全生产管理条例》（2003年国务院令第393号）第五十四条、《水利工程建设安全生产管理规定》（2005年水利部令第26号发布，2019年水利部令第50号修改）第九条的规定。

**【法规标准依据】**

《建设工程安全生产管理条例》（2003年国务院令第393号）

第五十四条　建设单位未将保证安全施工的措施或者拆除工程的有关资料报送有关部门备案的，责令限期改正，给予警告。

《水利工程建设安全生产管理规定》（2005年水利部令第26号发布，2019年水利部令第50号修改）

第九条　项目法人应当组织编制保证安全生产的措施方案，并自工程开工之日起15个工作日内报有管辖权的水行政主管部门、流域管理机构或者其委托的水利工程建设安全生产监督机构（以下简称安全生产监督机构）备案。建设过程中安全生产的情况发生变化时，应当及时对保证安全生产的措施方案进行调整，并报原备案机关。

保证安全生产的措施方案应当根据有关法律法规、强制性标准和技术规范的要求并结合工程的具体情况编制，应当包括以下内容：

（一）项目概况；

（二）编制依据；

（三）安全生产管理机构及相关负责人；

（四）安全生产的有关规章制度制定情况；

（五）安全生产管理人员及特种作业人员持证上岗情况等；

（六）生产安全事故的应急救援预案；

（七）工程度汛方案、措施；

（八）其他有关事项。

**【案例 2】**

## 危险性较大的单项工程安全技术管控不到位

某大型水库工程以灌溉、供水为主，主要建设内容为拦河坝、泄洪建筑物、引水隧洞等。工程于 2018 年开工，总工期为 40 个月。

库区清理工程石方边坡开挖高程 505.40～452.00m 范围内边坡高度约 53m，为危险性较大单项工程。经查，施工单位编制了《高边坡专项施工方案》，方案中明确边坡开挖要及时支护、马道临边设置防护栏杆等安全技术措施，但该方案未经施工单位技术负责人审批，总监理工程师即审核通过。监理单位未针对高边坡开挖制定安全监理实施细则。

从现场看，边坡开挖存在未及时支护、未及时清理危石、马道临边无防护措施等现象，极易产生边坡坍塌、物体打击等事故，而现场无专职安全生产管理人员监督。

不符合《水利工程建设安全生产管理规定》（2005 年水利部令第 26 号发布，2019 年水利部令第 50 号修改）第二十三条和 SL 288—2014《水利工程施工监理规范》第 6.5.3 条的规定。

**【法规标准依据】**

《水利工程建设安全生产管理规定》（2005 年水利部令第 26 号发布，2019 年水利部令第 50 号修改）

第二十三条　施工单位应当在施工组织设计中编制安全技术措施和施工现场临时用电方案，对下列达到一定规模的危险性较大的工程应当编制专项施工方案，并附具安全验算结果，经施工单位技术负责人签字以及总监理工程师核签后实施，由专职安全生产管理人员进行现场监督：

（一）基坑支护与降水工程；

（二）土方和石方开挖工程；

（三）模板工程；

（四）起重吊装工程；

（五）脚手架工程；

（六）拆除、爆破工程；

（七）围堰工程；

（八）其他危险性较大的工程。

对前款所列工程中涉及高边坡、深基坑、地下暗挖工程、高大模板工程的专项施工方案，施工单位还应当组织专家进行论证、审查。

SL 288—2014《水利工程施工监理规范》

6.5.3 监理机构编制的监理规划应包括安全监理方案，明确安全监理的范围、内容、制度和措施，以及人员配备计划和职责。监理机构对中型及以上项目、危险性较大的分部工程或单元工程应编制安全监理实施细则，明确安全监理的方法、措施和控制要点，以及对承包人安全技术措施的检查方案。

**【案例 3】**

## 安全技术措施交底工作不到位

某大（2）型水库工程建设任务为工业供水、防洪、灌溉、旅游、发电、水产养殖、生态改善等，主要建筑物为混凝土重力坝、壤土均质坝、溢洪道、北放水洞、南放水洞、电站厂房等。大坝总坝长 3124m，其中壤土均质坝 2875m，最大坝高 32.44m；混凝土重力坝 249m，最大坝高 43.9m。施工总工期为 36 个月，工程总投资 30.69 亿元。

查《碾压混凝土坝模板安装、拆除施工方案》施工前的技术交底记录，缺少安全技术措施的交底内容；安全科科长代替项目部技术负责人开展交底。现场抽查 1 名碾压混凝土坝模板安装人员，询问模板安装过程存在哪些危险因素及相应的防范措施等问题，该人员仅表示要戴好安全帽，不清楚模板安装可能会产生高处坠落、物体打击、坍塌等事故危险，现场存在操作人员利用模板支撑攀登上下、未系安全带等违章作业行为。

不符合 SL 721—2015《水利水电工程施工安全管理导则》第 7.6.3 条的规定。

**【法规标准依据】**

SL 721—2015《水利水电工程施工安全管理导则》

7.6.3　单项工程或专项施工方案施工前，施工单位技术负责人应组织相关技术人员、施工作业队（区）负责人、工长、班组长和作业人员进行全面、详细的安全技术交底。

## 二、原因分析

1. 部分项目法人对应履行的安全技术方面的管理职责不清晰。在工程开工建设后，水利建设工程项目法人往往容易忽视保证安全生产的措施方案编制和报备工作，或者由于能力不足导致编制的方案内容存在严重缺项，发生变化时也未及时进行更新。在工程施工过程中，对在安全技术措施和专项施工方案编制、审批、执行、旁站、验收等方面应履行的监管职责不清，任由现场安全技术管控流于形式。

2. 工程参建单位技术管理人员对危险性较大的单项工程概念不清，编制的危险性较大的单项工程清单标准不统一，或者存在严重漏项，甚至有的参建单位根本不知道编制清单的必要性。项目法人难以掌握工程可能存在的危险性较大的单项工程，相关管控工作缺少抓手。

3. 部分监理、施工单位安全技术措施审查等安全生产管理制度落实不到位。大部分参建单位建立了有关安全生产管理制度，对工程技术文件的审批做出了明确规定，相关文件必须要经总监、施工单位技术负责人进行审核签批，有的需要经过专家论证。但在实际操作过程中，部分参建单位未严格执行相关制度，由各工程项目部、监理部自行把控技术文件质量，当技术文件编制人员技术水平不高、能力不足时，技术方案的内容不完整、针对性不强、可操作性差，导致施工方案和施工现场“两张皮”的现象。

4. 各参建单位对安全技术交底工作不够重视，编制的安全技术交底内容没有针对性、不能突出重点，在安全技术交底过程中聚焦于技术工艺、施工方法、质量控制等内容，缺少施工中的危险源、安全对策和措施等安全生产内容。

### 三、措施建议

1. 项目法人应当在工程开工后，及时组织编制内容齐全、务实有效的保证安全生产的措施方案，报有管辖权的水行政主管部门、流域管理机构或者其委托的水利工程建设安全生产监督机构备案。

2. 项目法人应当组织勘察、设计等单位在施工招标文件中列出危险性较大的单项工程清单，要求施工单位在投标时补充完善危险性较大的单项工程清单并明确相应的安全管理措施，重点加强对其的事中事后监管。同时组织有关人员开展安全生产法律法规、标准规范的学习。

3. 监理单位应当建立并严格执行专项施工方案审查制度，审查专项施工方案是否完整可行，质量安全标准是否符合工程建设标准强制性条文规定，施工的基本条件是否符合现场实际等，并对审查的内容提出明确的意见。按规定对危险性较大的单项工程施工进行旁站监理和专项巡查。

4. 施工单位应当建立并严格执行危险性较大的单项工程管理制度，明确专项施工方案由技术负责人编制，并组织各部门专业技术人员进行审核。在工程施工开工前，组织工程技术人员、施工管理人员和一线施工作业人员开展安全技术交底活动，将施工工艺、工序、投入的机械设备、工程质量要求、施工过程中存在的危险因素、应对危险的安全技术措施、预防措施、应对突发事件危害的应急处置措施和救援行动需要注意的事项等进行交待。

## 第四节 施工现场作业安全管理

水利工程建设中施工过程具有工序内容多、施工环节多、交叉作业多等特点，涵盖了高边坡、深基坑、隧洞、起重吊装、脚手架爆破等危险性较大的单项工程，容易产生坍塌、高处坠落、机械伤害、物体打击、起重伤害、触电等各类生产安全事故，规范作业安全管理对于保障生产安全至关重要。SL 714—2015《水利水电工程施工安全防护设施技术规范》、SL 398—2007《水利水电工程施工通用安全技术规程》等对作业安全管理做出了具体规定。

在监督检查实践中发现，在建水利工程主要在安全防护、施工临时用电、脚手架搭设、特种设备、消防、劳动安全防护等方面存在问题。

## 一、典型案例

**【案例1】**

### 安全防护不到位

某重大水利工程是一座以防洪、灌溉为主，兼顾城镇供水与发电等综合效益的大型水利枢纽工程，总库容1.33亿$m^3$，工程总投资189443.00万元。主要建设内容为主坝、副坝、引水发电隧洞、电站、反调节坝、取水口、左右干渠、5条重要支渠及其渠系建筑物等。

主坝右岸坝顶高程以上高度31m土质岸坡（高程399～430m），2017年底开挖形成临时边坡，2019年未支护，边坡坡度较陡，一旦遭遇暴雨边坡容易遭受冲刷垮塌，难以保持稳定。高边坡下部正在进行主坝混凝土及灌浆工程施工，未设置防止滚动物的挡墙或积石槽。主坝下游左侧护岸Z0＋084.5m上部土质高边坡于2019年2月20日发生滑移，未处理。下方混凝土护岸工程正在施工，未设置专门的防护措施。

不符合DL/T 5255—2010《水电水利工程边坡施工技术规范》第5.1.3条、SL 714—2015《水利水电工程施工安全防护设施技术规范》第3.2.14条的规定。

**【法规标准依据】**

DL/T 5255—2010《水电水利工程边坡施工技术规范》

5.1.3　边坡开挖过程中应及时对边坡进行支护。

SL 714—2015《水利水电工程施工安全防护设施技术规范》

3.2.14　作业面处于以下情况时，应在作业面上侧设置防止滚动物的挡墙或积石槽。若存在边坡滑移重大安全隐患时，在施工前下列位置必须采取专门防护措施：

1　不稳定岩体下部。

2 孤石、悬崖陡坡下部。

3 高边坡下部。

4 基坑。

5 深槽、深沟下部。

主坝右岸坝顶高程以上临时高边坡

主坝下游左侧高边坡

【案例2】

## 临时用电不规范

某大（2）型水库总投资51.67亿元，总工期为60个月。主要建设内容为主坝、副坝、溢洪道、泄洪洞、输水洞、电站等。

施工现场临时用电未采用TN－S接零保护的配电系统，开关箱存在一闸多机、无漏电保护器等问题，施工现场电缆线随意沿地面敷设、接头无保护。施工现场存在严重的触电安全事故隐患。不符合SL 714—2015《水利水电工程施工安全防护设施技术规范》第3.7.3条的规定。

【法规标准依据】

SL 714—2015《水利水电工程施工安全防护设施技术规范》

3.7.3 施工现场的配电箱、开关箱等安装使用应符合下列规定：

1 配电箱、开关箱及漏电保护开关的配置应实行“三级配电，两级保护”，应严格执行“一机一箱一闸一漏”的配电原则。必须安装漏电保护器。

**【案例 3】**

## 脚手架搭设不规范

某水库是以防洪为主，结合灌溉、供水，兼顾发电等综合利用的大型水利枢纽工程。水库主要由主坝、副坝、灌溉洞、发电厂房等部分组成。

电站厂房上游侧局部脚手架未设置扫地杆、垫板，局部设置的扫地杆距地面普遍大于 40cm，远大于规范规定的 30cm 的要求，容易造成架体不稳定。闸门安装现场脚手架作业层脚手板未满铺，容易导致高处坠落事故。不符合 SL 714—2015《水利水电工程施工安全防护设施技术规范》第 3.2.6 条的规定。

**【法规标准依据】**

SL 714—2015《水利水电工程施工安全防护设施技术规范》

3.2.6 钢管脚手架应符合以下规定：

……

3 脚手架应夯实基础，立杆下部加设垫板。在楼面或其他建筑物上搭设脚手架时，必须验算承重部位的结构强度。

4 脚手架的搭设要求为：立杆间距不大于 2m，大横杆间距不大于 1.2m，小横杆间距不大于 1.5m，底脚扫地杆、水平横杆离地面距离不大于 30cm。

……

11 平台脚手板铺设应平稳、满铺，绑牢或钉牢；与墙面距离不应大于 20cm，不应有空隙和探头板；脚手板搭接长度不得小于 20cm，对头搭接时，应架设双排小横杆，其间距不大于 20cm，不应在跨度间搭接；脚手架的拐弯处，脚手板应交叉搭接。

扫地杆距地面普遍大于 40cm

未设置扫地杆、垫板

闸门安装现场脚手架作业层脚手板未满铺

【案例 4】

## 特种设备管理不到位

某大型水利枢纽工程主要由拦河坝、表孔溢洪洞、中孔泄洪洞、深孔泄洪洞、发电引水系统、电站厂房、生态基流引水洞及其厂房等建筑物组成。

隧洞出口施工道路边坡喷锚支护施工用的储气罐（工作压力 0.8MPa、容积 $2m^3$），平躺放置，压力表及安全阀缺损。该储气罐属于特种设备，未在其明显位置张贴检验标志，经现场询问查证，该储气罐未经当地设区的市级特种设备检验机构检验。钢筋焊接作业时氧气瓶卧放，氧气瓶与乙炔瓶安全距离不满足大于 5m 的规范要求。不符合 SL 398—2007《水利水电工程施工通用安全技术规程》第 6.9.10 条、第 9.7.2 条的规定。

**【法规标准依据】**

SL 398—2007《水利水电工程施工通用安全技术规程》

6.9.10　特种设备在使用过程中应当进行经常性维修保养，使特种设备保持良好状态。不应带病运行或超荷载运行。

9.7.2　氧气、乙炔气瓶的使用应遵守下列规定：

1　使用过程中，乙炔瓶应放置在通风良好的场所，与氧气瓶的距离不应少于 5m。

储气罐未进行检验

氧气瓶、乙炔瓶安全距离不够

**【案例5】**

## 消防管理不到位

某重大水利工程是一座以城乡生活供水、工业供水、农业灌溉为主的大型水利枢纽工程，总库容1.30亿$m^3$，工程总投资225533.00万元，总工期48个月。主要建设内容为拦河主坝、副坝、溢洪道、导流泄洪隧洞、改河隧洞、发电输水隧洞和电站厂房，输水工程13.00km。

施工现场设置临时油库1座，配置12t油罐2个，每次受油量20t。检查现场发现，油库区域未实行封闭管理；未设置防静电接地装置；未对避雷装置接地电阻进行定期检测；推车式灭火器标识不清、油库现场没有石棉被、消防用砂处没有消防用锹等灭火器材，消防灭火设备严重不足。不符合SL 714—2015《水利水电工程施工安全防护设施技术规范》第3.4.3条、SL 398—2007《水利水电工程施工通用安全技术规程》第11.5.14条、GA 95—2015《灭火器维修》第7.2条的规定。

**【法规标准依据】**

SL 714—2015《水利水电工程施工安全防护设施技术规范》

3.4.3　油库、加油站必须符合下列规定：

……

2　加油站四周应设有不低于2.0m高的实体围墙，或金属网等非燃烧体栅栏。

……

7　油罐区安装有避雷针等避雷装置，其接地电阻应不大于10Ω，且应定期检测。

8　金属油罐及管道应设有防静电接地装置，接地电阻应不大于30Ω，且应定期检测。

9　配备有泡沫、干粉灭火器及沙土等灭火器材。

SL 398—2007《水利水电工程施工通用安全技术规程》

11.5.14　油库消防器材的配置与管理，应遵守下列规定：

1　灭火器材的配置：

1）加油站油罐库罐区，应配置石棉被、推车式泡沫灭火机、干粉灭火器及相关灭火设备。

GA 95—2015《灭火器维修》

7.2　灭火器有下列情况之一者，应报废：

a）永久性标志模糊，无法识别。

**【案例6】**

## 劳动安全防护不到位

某引水工程设计管线总长18.7km，沿线经过5处分水口建筑物。工程建设过程中涉及深基坑工程、地下暗挖工程等多项超过一定规模的危险性较大的单项工程。工程根据工程量以及长度划分为12个施工标段，分别由12家施工单位进行施工。

工程建设涉及高大模板、深基坑等多项超过一定规模的危险性较大的单项工程。检查人员在检查某分水口建筑物施工现场时，发现一名登高架设人员在进行高处模板搭设作业时佩戴的安全带挂钩破损失效，导致其佩戴的安全带无法正常使用，存在安全隐患。不符合SL 721—2015《水利水电工程施工安全管理导则》第12.1.4条的规定。

**【法规标准依据】**

SL 721—2015《水利水电工程施工安全管理导则》

12.1.4 施工单位应为从业人员提供符合职业健康要求的工作环境和条件，并遵守下列规定：

1 配备符合国家或者行业标准的劳动防护用品。

## 二、原因分析

1. 施工作业人员安全生产意识薄弱。一方面，施工作业人员存在侥幸心理，认为偶尔不遵守安全规程不会直接导致安全事故，没有意识到佩戴不合格的劳动防护用品会对其生命健康造成严重威胁；另一方面，现场作业人员对有关法律法规、安全知识、岗位操作技能没有熟练掌握，存在凭经验施工的现象。

2. 安全技术管理不力。施工单位未能依据相关标准规范组织编制并落实安全技术措施，安全技术交底不全面、不具体；监理单位未能对达到一定规模的危险性较大的单项工程专项施工方案的编制和实施情况进行有效的审核、跟踪、监督。

3. 双重预防体系运行流于形式。各参建单位对日常风险管控和隐患排查开展不及时、深度不足，未定期全面组织开展隐患排查治理工作，对现场长期存在的安全隐患和习惯性违章不能及时整改，甚至视而不见。

4. 安全生产费用投入不足。由于初步设计概算安全生产费率偏低、施工单位挤占挪用安全生产费用等原因，造成安全生产费用投入不足，无法改善安全生产环境。

### 三、措施建议

1. 参建单位应当加强从业人员的教育培训，保证从业人员具备必要的安全生产知识，熟悉安全生产有关法律法规、规章制度和安全操作规程，掌握本岗位的安全操作技能。

2. 项目法人应当加强对专项施工方案有关工作的管理，把专项方案审查和交底情况作为安全检查的重要内容，要对方案内容的完整性及风险防范措施进行把关；监理单位应当严格方案审查，对专项方案交底及实施情况进行监督检查；施工单位应当按规定组织安全技术交底，严格按照专项施工方案组织实施。

3. 各参建单位应当强化日常风险管控和隐患排查工作，及时发现和整改现场存在的安全隐患和习惯性违章，将安全防护、施工临时用电、脚手架搭设、特种设备、消防、劳动安全防护等现场作业情况纳入隐患排查重点内容。

4. 各参建单位应当保证本单位安全生产投入的有效实施，完善安全生产费用使用计划，按照有关规定提取和使用安全生产费用，并对落实情况进行监督管理，确保安全生产费用足额到位。

## 第五节　安全风险管控与隐患排查治理

党中央、国务院明确提出要在高危行业领域推行安全生产风险管控和隐患排查治理“双重预防机制”。2018 年水利部也发布了《水利水电工程施工危险源辨识与风险评价导则（试行）》《关于开展水利安全风险分级管控的指导意见》等，对安全风险管控与隐患排查治理做出了具体规定。

在监督检查实践中发现，在建水利工程主要存在危险源辨识和风险评价工作不到位、事故隐患排查治理不到位等问题。

## 一、典型案例

**【案例1】**

### 危险源辨识和风险评价工作不到位

某主要支流治理工程主要为保护干流和支流沿岸村镇的防洪工程。主要建设内容包括建设堤防（护岸）24处，总长26.81km；新建排涝管涵23座。该项目批复概算总投资为37562.70万元，施工总工期为24个月。工程于2018年1月开工建设。

该项目施工C3标段建设内容中有洞室开挖（隧洞面积为4m$^2$）、深基坑作业（开挖作业深度超过5m）等重大危险源，但施工单位未进行危险源辨识工作，未及时对危险源进行登记、备案；未确定重大危险源风险等级；洞室开挖、深基坑作业未设置警示标识和安全风险公告栏。不符合《水利水电工程施工危险源辨识与风险评价导则（试行）》（办监督函〔2018〕1693号）第1.5条、《水利部关于开展水利安全风险分级管控的指导意见》（水监督〔2018〕323号）第二条的规定。

**【法规标准依据】**

《水利水电工程施工危险源辨识与风险评价导则（试行）》（办监督函〔2018〕1693号）

第1.5条　水利工程建设项目法人和勘测、设计、施工、监理等参建单位（以下一并简称为各单位）是危险源辨识、风险评价和管控的主体。各单位应结合本工程实际，根据工程施工现场情况和管理特点，全面开展危险源辨识与风险评价，严格落实相关管理责任和管控措施，有效防范和减少安全生产事故。

《关于开展水利安全风险分级管控的指导意见》（水监督〔2018〕323号）

二、着力构建水利生产经营单位安全风险管控机制

水利生产经营单位是本单位安全风险管控工作的责任主体。各级

水行政主管部门要督促水利生产经营单位落实安全风险管控责任，按照有关制度和规范，针对单位特点，建立安全风险分级管控制度，制定危险源辨识和风险评价程序，明确要求和方法，全面开展危险源辨识和风险评价，强化安全风险管控措施，切实做好安全风险管控各项工作。

……

（五）强化风险公告警示。水利生产经营单位要建立安全风险公告制度，定期组织风险教育和技能培训，确保本单位从业人员和进入风险工作区域的外来人员掌握安全风险的基本情况及防范、应急措施。要在醒目位置和重点区域分别设置安全风险公告栏，制作岗位安全风险告知卡，标明工程或单位的主要安全风险名称、等级、所在工程部位、可能引发的事故隐患类别、事故后果、管控措施、应急措施及报告方式等内容。对存在重大安全风险的工作场所和岗位，要设置明显警示标志，并强化监测和预警。要将安全防范与应急措施告知可能直接影响范围内的相关单位和人员。

**【案例 2】**

## 施工现场安全事故隐患排查治理不到位

某重大水利工程是一座以城乡生活供水、工业供水、农业灌溉为主的大型水利枢纽工程，总库容 1.50 亿 $m^3$，工程总投资 225566.00 万元，总工期 48 个月。主要建设内容为拦河主坝、副坝、溢洪道、导流泄洪隧洞、改河隧洞、发电输水隧洞和电站厂房。

项目法人未制定年度隐患排查治理工作方案，2018 年仅开展了一次安全度汛专项检查工作，未按规范要求每月组织一次安全生产综合检查。

监理单位于 2018 年 4 月对施工 4 标开展了安全隐患排查，分别发现了“泄洪洞洞口上部无防护、临时用电电缆线随意敷设、钢筋加工区灭火器已过期失效、脚手架搭设不符合规定”4 个安全隐患，并下发了整改通知书，但施工单位无相应的整改情况回复，监理单位也未督促落实。从现场看，工程现场施工临时用电、边坡及基坑临边防护、脚手架施工、洞室开挖、特种设备管理、消防等方面安全隐患屡次出现，隐患排查治理工作流于形式。

不符合《标本兼治遏制重特大事故工作指南》（安委办〔2016〕3号）第二条、《水利工程生产安全重大事故隐患判定标准（试行）》（水安监〔2017〕344号，现已被《水利工程生产安全重大事故隐患清单指南（2021年版）》（办监督〔2021〕364号）替代）、《水利部关于进一步加强水利生产安全事故隐患排查治理工作的意见》（水安监〔2017〕409号）及SL721—2015《水利水电工程施工安全管理导则》第11.1.3条、第11.1.4条规定。

**【法规标准依据】**

《标本兼治遏制重特大事故工作指南》（安委办〔2016〕3号）

第二条 （四）实施事故隐患排查治理闭环管理。

《水利部关于进一步加强水利生产安全事故隐患排查治理工作的意见》（水安监〔2017〕409号）

水利生产经营单位对排查出的事故隐患，必须及时消除。

SL 721—2015《水利水电工程施工安全管理导则》

11.1.3 各参建单位应根据事故隐患排查制度开展事故隐患排查，排查前应制定排查方案，明确排查的目的、范围和方法。

各参建单位应采用定期综合检查、专项检查、季节性检查、节假日检查和日常检查等方式，开展隐患排查。

对排查出的事故隐患，组织单位应及时书面通知有关单位，定人、定时、定措施进行整改，并按照事故隐患的等级建立事故隐患信息台账。

11.1.4 项目法人应至少每月组织一次安全生产综合检查，施工单位应至少每两月自行组织一次安全生产综合检查。

## 二、原因分析

1. 工程参建单位安全生产管理人员对安全风险管控的政策、标准、知识学习不够。部分水利工程建设项目安全生产管理人员对一些基本术语（危险源、安全风险、危险源辨识、风险评价、风险管控、事故隐患等）的真正含义理解不深入，对安全风险管控、隐患排查治理、应急救援之间的逻辑关系不清晰。

2. 针对安全风险管控和隐患排查治理政策、法规、标准的宣贯培训偏少，现场安全生产管理人员有关知识储备不足，不具备危险源辨识和风险评价能力，用隐患排查治理代替安全风险管控，或者危险源的辨识与风险评价、风险管控工作不能结合工程建设实际，照抄照搬缺乏可操作性。

3. 部分参建单位主要负责人对工程成本、工程进度、工程质量的把控更为关注，对安全生产工作往往不够重视。认为隐患排查治理工作仅仅是安全生产管理人员职责内的事情，单位主要负责人、分管负责人、有关技术人员不能经常性的参加排查工作，隐患排查的类型、频次、范围、内容不能够满足现场安全管理的需求。

## 三、措施建议

1. 工程各参建单位应当强化责任落实和全员培训，让全体员工都各负其责，学习风险管理的基本知识，深入理解危险源、安全风险、事故隐患之间的区别与联系，掌握危险源辨识和风险评价的基本方法。应当学会抓住主要矛盾，对作业现场存在的高风险制定管控措施、落实管控责任。切忌照搬照套，制定一大堆文件后束之高阁，应付外部检查。提倡用简单的制度、明确的职责管控工程现场的高风险，排查并治理隐患，有效防范伤亡事故发生。

2. 项目法人应当督促各参建单位将“双重预防机制”建设各项工作责任分解落实到各层级领导、各部门和每个具体工作岗位，确保全员参与、责任明确。

3. 监理单位发现存在生产安全事故隐患时，应当要求施工单位采取有效措施予以整改，并督促工程现场安全隐患整改、闭环管理。

4. 各级水行政主管部门应当积极落实党中央、国务院关于建立风险管控和隐患排查治理预防机制的重大决策部署，把构建“双重预防机制”作为各地区水利工程建设项目安全监督工作重要内容，加强相关工作的监督检查、巡查、稽察和考核。同时应当加大相关政策、标准、规范的宣贯力度，宣传先进典型，帮助和指导水利工程开展安全风险分级管控和隐患排查治理。

## 第六节　应　急　管　理

应急管理是为了迅速、有效地应对可能发生的事故，控制或降低其可能造成的后果和影响，而进行的一系列有计划、有组织的管理，包括预防、准备、响应及恢复四个阶段。《生产安全事故应急条例》《生产安全事故应急预案管理办法》等对应急管理有关工作做出了具体规定。

在监督检查实践中发现，在建水利工程主要存在应急预案编制不规范、应急演练不到位、应急物资配备不足、防汛责任未落实等问题。

### 一、典型案例

**【案例 1】**

**应急预案编制不规范、演练不到位**

某西部地区重大水利工程是一座以城乡生活供水、工业供水、农业灌溉为主的大（2）型水利枢纽工程，主要建设内容为拦河主坝、副坝、电站、灌溉引水隧洞等。该工程于 2017 年开工，工期为 5 年。甲施工单位为该工程的施工总承包单位，承担工程全部建设任务。

检查人员抽查甲施工单位应急预案编制有关记录发现，甲施工单位成立了应急预案编制工作小组，编制了《突发事件总体应急预案》《火灾事故应急预案》《起重吊装事故应急预案》《防洪度汛应急预案》等 10 项应急预案和《物体打击现场处置方案》《触电事故现场处置方案》等 12 项现场处置方案，但编制工作小组成员均为安全管理部人员，没有吸收与应急预案有关的工程技术部、设备物资部、办公室等职能部门和人员。

检查人员查看引水隧洞工程现场地质条件，查阅有关地质文件了解到，该隧洞地质条件较差，局部因裂隙及岩溶发育，存在突水涌泥风险，但该单位未制定相应的应急预案，一旦发生突水涌泥事故，难以做到及时响应、妥善应对。

抽查触电事故应急预案及演练记录，“发生人员触电事故后，发现人员第一时间报告了应急救援领导小组，并现场等待应急救援工作小组到达后开展救援”。经现场询问一名作业人员关于触电后的应急措施，仅表示要立即报告，对如何开展救援不清楚。应急救援工作本应以人为本，如果发现人员能够熟悉掌握触电事故发生后的断开电源、人工呼吸、心肺复苏等急救措施，应当及时救人，而无需等待应急救援工作小组到达后再开展救援，贻误救援时机。该应急预案没有体现自救互救的要求，应急演练也未发现预案存在的问题，没有起到应有效果。

不符合《生产安全事故应急条例》第五条及《生产安全事故应急预案管理办法》（2019 年应急管理部令第 2 号）第九条、第十二条的规定。

**【法规标准依据】**

《生产安全事故应急条例》（2019 年国务院令 第 708 号）

第五条　生产经营单位应当针对本单位可能发生的生产安全事故的特点和危害，进行风险辨识和评估，制定相应的生产安全事故应急救援预案，并向本单位从业人员公布。

《生产安全事故应急预案管理办法》（2019 年应急管理部令第 2 号）

第九条　编制应急预案应当成立编制工作小组，由本单位有关负责人任组长，吸收与应急预案有关的职能部门和单位的人员，以及有现场处置经验的人员参加。

第十二条　生产经营单位应当根据有关法律、法规、规章和相关标准，结合本单位组织管理体系、生产规模和可能发生的事故特点，与相关预案保持衔接，确立本单位的应急预案体系，编制相应的应急预案，并体现自救互救和先期处置等特点。

**【案例 2】**

## 应急物资配备不足、防汛责任未落实

某河流主要支流治理工程治理河长为 17km，主要建设内容为堤防加固17km，重建水闸13座，重建穿堤涵管12处，新建穿堤涵管10处。该工程于2019年开工，工期为2年。甲单位为工程项目法人，乙单位为该工程的施工单位。2020年，水行政主管部门对该工程开展稽察，发现甲、乙单位存在防汛责任未落实问题。

度汛方案中规定，防汛值班时间为2020年5月1日—10月15日，甲单位带班领导每2人一组、值班时长为1周。2020年7月，通过电话暗访发现，被抽查的带班领导对自己的值班时间安排不清楚。

度汛方案中规定，乙单位应配备液压挖掘机4台、推土机2台、沙袋5000条，以及块石、木桩、扎丝等抢险物资。现场实际配备挖掘机2台、推土机1台、沙袋3000条，未配备块石、木桩、扎丝等抢险物资。

不符合《生产安全事故应急预案管理办法》（2019年应急管理部令第2号）第三十八条和SL 721—2015《水利水电工程施工安全管理导则》第7.5.5条、第7.5.7条的规定。

**【法规标准依据】**

《生产安全事故应急预案管理办法》（2019年应急管理部令第2号）

第三十八条　生产经营单位应当按照应急预案的规定，落实应急指挥体系、应急救援队伍、应急物资及装备，建立应急物资、装备配备及其使用档案，并对应急物资、装备进行定期检测和维护，使其处于适用状态。

SL 721—2015《水利水电工程施工安全管理导则》

7.5.5　施工单位应根据批准的度汛方案和超标准洪水应急预案，制订防汛度汛及抢险措施，报项目法人批准，并按批准的措施落实防汛抢险队伍和防汛器材、设备等物资准备工作，做好汛期值班，保证汛情、工情、险情信息渠道畅通。

7.5.7　项目法人应建立汛期值班和检查制度，建立接受和发布气象信息的工作机制，保障汛情、工情、险情信息渠道畅通。

## 二、原因分析

1. 施工单位未规范建立应急工作责任制，相关职能部门职责不够清晰明确或未层层分解，导致相关职能部门和责任人员不清楚自身应急管理职责和任务分工，应急管理工作未做到层层落实。

2. 应急预案的编制未建立在事故风险辨识、评估的基础上，未根据建设工程施工的特点、范围，对施工现场易发生重大事故的部位、环节进行监控，制定有针对性的现场生产安全事故应急救援预案。

3. 从业人员缺乏应急管理知识，对必要的自救互救安全知识等内容不清楚。施工单位担心影响施工进度、增加成本开支，不组织或不认真组织应急演练，使应急演练走过场、搞形式，演练变成了“演戏”，未发挥应急演练在检验预案、完善准备、锻炼队伍、磨合机制、教育员工方面的作用。

4. 施工单位为了节省开支，未按照应急预案的要求配备应急救援器材。项目法人、监理单位也未定期检查应急救援器材、设备的配备情况。

## 三、措施建议

1. 参建单位应当建立、健全生产安全事故应急工作责任制，将应急工作职责分解到有关职能部门和人员。编制应急预案前，应成立编制工作小组，由本单位有关负责人任组长，吸收与应急预案有关的职能部门和单位的人员，以及有现场处置经验的人员参加。

2. 参建单位应当针对不同事故种类及特点，识别存在的危险危害因素，分析事故可能产生的直接后果以及次生、衍生后果，评估各种后果的危害程度和影响范围，提出防范和控制事故风险措施，并在此基础上制定有针对性的现场生产安全事故应急救援预案。

3. 参建单位应当组织开展应急预案、应急知识、自救互救和避险逃生技能的培训及应急演练，使有关人员了解应急预案内容，熟悉应急职责、应急处置程序和措施。应急预案演练结束后，应急预案演练组织单位应当对应急预案演练效果进行评估，撰写应急预案演练评估报告，分析存在的问题，及时修订完善应急预案。

4. 施工单位应当建立应急物资、装备配备及其使用档案，并对应急物资、装备进行定期检查、维护和补充，保证正常运转。项目法人、监理单位应当定期检查应急救援器材、设备的配备情况。

# 相关法律法规、规范性文件和技术标准

1.《中华人民共和国安全生产法》(2021 年主席令第 88 号)

2.《建设工程安全生产管理条例》(2003 年国务院令第 393 号)

3.《生产安全事故应急条例》(2019 年国务院令第 708 号)

4.《标本兼治遏制重特大事故工作指南》(安委办〔2016〕3 号)

5.《水利工程建设安全生产管理规定》(2005 年水利部令第 26 号发布，2019 年水利部令第 50 号修改)

6.《生产安全事故应急预案管理办法》(2019 年应急管理部令第 2 号)

7.《企业安全生产费用提取和使用管理办法》(财企〔2012〕16 号)

8.《水利工程生产安全重大事故隐患判定标准》[水安监〔2017〕344 号，现已被《水利工程生产安全重大事故隐患清单指南(2021 年版)》(办监督〔2021〕364 号)替代]

9.《水利部关于进一步加强水利生产安全事故隐患排查治理工作的意见》(水安监〔2017〕409 号)

10.《水利水电工程施工危险源辨识与风险评价导则(试行)》(办监督函〔2018〕1693 号)

11.《水利部关于开展水利安全风险分级管控的指导意见》(水监督〔2018〕323 号)

12. SL 398—2007《水利水电工程施工通用安全技术规程》

13. DL/T 5255—2010《水电水利工程边坡施工技术规范》

14. SL 288—2014《水利工程施工监理规范》

15. SL 714—2015《水利水电工程施工安全防护设施技术规范》

16. SL 721—2015《水利水电工程施工安全管理导则》

17. GA 95—2015《灭火器维修》

# 下 篇

## 综 合 案 例

# 【案例1】 某中型水库副坝决口事故

2018年7月，我国北方某水库发生副坝垮坝事故，水利部派出调查组，对事故进行了调查。调查组通过现场查勘、查阅资料，以及与水库除险加固工程参建单位、运行管理单位相关人员和水库决口目击人员、下游村民座谈等方式，围绕水库除险加固工程设计、施工、监理、质量监督、工程验收和运行管理等环节，开展了全面调查，查明了副坝决口和主坝左坝肩渗漏塌陷原因，提出了处理建议。

## 一、基本情况

### （一）水库概况

水库位于北方地区半干旱地区，建成于1963年7月，是一座以防洪、灌溉为主，兼有供水、养殖和旅游等综合利用的中型水库。

2001年7月，大坝安全鉴定部门鉴定核查水库大坝为三类坝，主要核查意见为："水库防洪标准仅为200年一遇，不满足部颁近期除险加固防洪标准的要求；大坝坝基渗漏严重，存在管涌、流土现象，渗流不稳定"等。

2002年9月—2003年10月，水库进行除险加固。主要建设内容是：主坝坝基新增塑性混凝土防渗墙和左坝肩帷幕灌浆，主坝和副坝Ⅰ坝体加高培厚，新建副坝Ⅱ等。除险加固初设批复投资2037万元，竣工决算审计完成投资1427.38万元。

除险加固后，水库主要由主坝、两座副坝、岸坡式开敞溢洪道和输水洞等建筑物组成。主副坝坝型均为碾压式均质土坝，坝顶宽均为5m。主坝上下游坝坡分别为1∶3.0和1∶2.5，坝顶长190m，最大坝高20.5m，坝顶高程1405.85m，坝基设有塑性混凝土防渗墙。副坝Ⅰ和副坝Ⅱ上下游坝坡均为1∶2.5和1∶2.0，其坝顶高程分别为1405.85m和1406.85m，坝顶长分别为240m和360m，最大坝高分别为12.5m和

4.5m。在主坝和副坝Ⅰ的坝顶上均设有1m高的钢筋混凝土防浪墙。水库全貌见图1-1。

图1-1　水库全貌

## (二) 事故情况

1. 事故发生经过和处理过程

7月中旬某日，水库所在地普降大到暴雨，局地大暴雨，最大1h雨强51.9mm。水库入库最大洪峰流量1970$m^3/s$，相当于180年一遇；24h洪水总量1898万$m^3$，相当于1600年一遇。根据观测记录，自洪水入库开始，库水位从1396.3m（低于死水位3.25m，低于汛限水位5.85m）开始迅速上涨。

约1h后，水库管理人员将上游水情和现场汛情上报当地防办，并通知下游镇政府做好应急抢险准备工作。随即管理人员开启输水洞闸门泄水（启闭系统已断电，手动操作），县防指启动防汛Ⅱ级应急响应。3h后，库水位涨至溢洪道底高程1399m，县防指启动防汛Ⅰ级应急响应，下游镇政府接到通知后迅速转移下游群众，并组织约160人的抢险队伍，集结机械车辆48台，向库区运送6000条编织袋及砂石土料等。

5h后，水库水位最高涨至1405.44m，超过校核洪水位（1405.15m）0.29m。同时，副坝Ⅱ坝内混凝土涵管左上侧约1m处附近出现集中渗水，渗水点在约1h内扩大至约1.5m。随即副坝Ⅱ坝顶塌陷，坝体开始溃决。据事发后现场三维激光测量结果：副坝Ⅱ溃口顶宽约 16.9m，溃口深约 13.3m，溃口底部进口宽 11m，溃口底部出口宽 6.6m（图 1－2）。

在副坝Ⅱ溃口的同时，水库管理人员在巡查主坝时发现左坝肩下游坡 2/3 坝高处有明水流出，之后逐步形成约 $9m^2$ 塌陷坑（图 1－3）。因副坝Ⅱ决口增加了水库下泄流量，水位得以迅速下降，上游坝面封堵完毕，主坝险情基本得到控制。

图 1－2 溃口形成库水下泄

图 1－3 主坝下游侧坡渗漏破坏

2. 灾害损失情况

险情发生后，下游镇政府及时组织撤离水库下游 262 户 613 人；下游水库紧急泄洪，并连夜转移受影响群众 8320 人。无人员伤亡。事故造成副坝Ⅱ决口和主坝左坝肩渗漏塌陷，根据批复的初步设计概算，该部分工程投资约 150 万元。

3. 责任认定及处理情况

调查认为，水库除险加固存在重大质量安全隐患是事故发生的主要原因，建设管理、设计、施工、监理、质量监督、验收等各环节都不同程度地存在问题，项目法人、施工、设计等单位应承担主体责任，其他相关单位应承担相应责任。

水利部调查之后，水库所在的省级水行政主管部门根据水利部的调查处理意见，开展了详细的事故责任认定及处理工作，对有关水行政主管部门、项目法人及水管单位相关责任人作出了撤职、调离工作岗位等行政处分；按照有关法律法规，对设计、施工、监理等市场主体及相关责任人做出了罚款、通报批评、撤销专业人员从业资格等处罚。

## 二、事故直接原因

1. 副坝决口成因分析

根据收集到的溃口视频资料，结合现场洪痕和遗留物及目击人员描述情况，综合分析判断，在最高洪水位下，先在坝内输水涵管上方出现管涌，随即出水口扩大，涵管被冲毁，出水口继续扩大后大坝垮塌，形成溃口。由此判断，水库在高水位下，涵管与坝体接触部位发生接触渗透破坏，造成决口事故。

2. 主坝左坝肩渗漏塌陷成因分析

为调查左坝肩塌陷部位的渗漏通道，调查组在主坝左坝肩上下游塌坑中心线与帷幕灌浆中心线的交点处打了1个地质钻探孔。钻孔柱状图表明，坝顶以下0.6～2.3m，含水量大，无法获取芯样；2.3m以下入岩；入岩后，至3～4.6m处连续注水，平均注水量100L/min，孔内无水位上升；至5.9～8.4m处连续注水，平均注水量80L/min，孔内仍无水位上升。3～8.4m段的岩心未见水泥结石。由此判断，在坝顶以下0.6m至岩体之间、岩体内具有强透水部位，存在渗漏通道。以上情况表明，主坝左坝肩处存在防渗薄弱环节。在高水位作用下，形成渗漏通道，造成上游侧出现塌坑，下游侧发生失稳塌陷。

## 三、存在的主要问题

### （一）设计单位

1. 副坝坝体埋管先施工后出图且有明显漏项

依据副坝单元工程施工质量评定资料，副坝坝体内混凝土输水涵管（现场量测直径60cm，见图1-4）埋设及坝体填筑于4月底完成，但输水涵管的技施设计图出图日期为当年9月。该技施设计图没有标明坝内输水涵管控制点坐标，导致埋管具体位置不明；也没有提

图1-4　副坝坝体内混凝土输水涵管

出埋管直径和防渗结构等主要设计参数及质量控制措施。不符合《水利工程质量管理规定》(1997 年水利部令第 7 号发布，2017 年水利部令第 49 号修改）第二十七条的规定。

**【法规标准依据】**

《水利工程质量管理规定》(1997 年水利部令第 7 号发布，2017 年水利部令第 49 号修改)

第二十七条　设计单位应按合同规定及时提供设计文件及施工图纸，在施工过程中要随时掌握施工现场情况，优化设计，解决有关设计问题。

2. 部分项目设计深度不足

在坝体填筑相关设计文件中，仅明确坝体填筑料“设计干容重为 $18.06kN/m^3$、设计最优含水量为 14%和压实度为 0.97”等 3 个施工质量控制指标，没有按规范要求明确填筑料渗透系数及级配等主要质量控制指标。在主副坝上下游护坡及排水棱体设计文件中，仅明确了干砌块石、碎石垫层和粗砂垫层厚度，未按反滤要求明确碎石及粗砂垫层的级配要求，也未明确干砌块石粒径及砌筑的技术要求。不符合 SL 274—2001《碾压式土石坝设计规范》第 4.1.15 条规定（此规范已被 SL 274—2020《碾压式土石坝设计规范》替代，2020 年 11 月 30 日发布，2021 年 2 月 28 日实施。相关规定为第 4.1.16 条的规定)。

**【法规标准依据】**

SL 274—2001《碾压式土石坝设计规范》

4.1.15　反滤料、过渡层料和排水体料应符合下列要求：质地致密，抗水性和抗风化性能满足工程运用条件的要求；具有要求的级配；具有要求的透水性；反滤料和排水体料中粒径小于 0.075mm 的颗粒含量应不超过 5%。

现行规范：SL 274—2020《碾压式土石坝设计规范》

4.1.16　反滤料、过渡层料和排水体料，应符合下列要求：质地致密，抗水性和抗风化性能满足工程运用条件的砂砾石和硬岩；具有要求的级配，反滤料应为连续集配；具有要求的透水性；粒径小于0.075mm的颗粒含量应不超过5%。

3. 设计管理不规范

水库除险加固过程中，多处出现工程未按设计要求实施的情况，如：左坝肩帷幕灌浆未按设计要求完成，左坝肩下游护坡坡比不满足设计要求，新建副坝未按设计要求清基，取消上游侧干砌石护坡。对上述变更，均未履行设计变更手续，但设计人员在相关验收文件中予以签字认可。

**（二）施工单位**

1. 擅自进行副坝坝内埋管施工

水利厅在初设批复中无输水涵管建设内容。施工单位在设计未出具技施设计图，施工技术要求不明确的情况下，实施了坝内输水涵管的施工。调查期间，施工单位未能提交坝内输水涵管的相关施工资料，调查组仅在监理月报中查阅到“本月有埋管施工”的简要记录。不符合《建设工程质量管理条例》（2000年国务院令第279号发布，2019年国务院令第714号修改）第二十八条的规定。

**【法规标准依据】**

《建设工程质量管理条例》（2000年国务院令第279号发布，2019年国务院令第714号修改）

第二十八条　施工单位必须按照工程设计图纸和施工技术标准施工，不得擅自修改工程设计，不得偷工减料。

2. 擅自降低坝体填筑质量标准且未履行相关手续

设计单位提交的技施设计文件中明确，坝体碾压指标干容重18.06kN/m$^3$。施工时，经现场碾压试验，建议坝体碾压指标为干密度1.71g/cm$^3$，对应的压实度为95.4%，不满足设计要求。工程实施过程中，在未进行设计论证的情况下，仅通过与设计、监理等单位口头确认的方式，在质量评定时又将副坝碾压指标更改为干密度 1.65g/cm$^3$。不符合《建设工程质量管理条例》（2000 年国务院令第 279 号发布，2019 年国务院令第 714 号修改）第二十八条的规定。

**【法规标准依据】**

《建设工程质量管理条例》（2000 年国务院令第 279 号发布，2019 年国务院令第 714 号修改）

第二十八条　施工单位必须按照工程设计图纸和施工技术标准施工，不得擅自修改工程设计，不得偷工减料。

3. 副坝基础未按设计要求开挖清基

技施设计文件中明确，新建副坝坝底设截水槽、坝体施工应开挖至基岩。但在实际实施中，施工单位未按设计要求开挖截水槽。调查组现场查勘坝体决口部位，发现基岩顶部明显存在原状土层，说明施工单位未按设计要求开挖至基岩并进行清基。不符合《建设工程质量管理条例》（2000 年国务院令第 279 号发布，2019 年国务院令第 714 号修改）第二十八条的规定。

**【法规标准依据】**

《建设工程质量管理条例》（2000 年国务院令第 279 号发布，2019 年国务院令第 714 号修改）

第二十八条　施工单位必须按照工程设计图纸和施工技术标准施工，不得擅自修改工程设计，不得偷工减料。

4. 主坝左坝肩帷幕灌浆未按设计要求完成

地勘资料表明，左岸坝肩高程 1383～1398m 处为强透水层，设计要求主坝左坝肩进行水泥帷幕灌浆。经查阅资料并向相关人员证实，因施工难度大，左坝肩山体内有 10m 以上的帷幕灌浆未实施。灌浆竣工图中，没有标注帷幕轴线的坐标和帷幕剖面图，帷幕灌浆实际质量状况不明。不符合《水利工程质量管理规定》（1997 年水利部令第 7 号发布，2017 年水利部令第 49 号修改）第三十条的规定。

**【法规标准依据】**

《水利工程质量管理规定》（1997 年水利部令第 7 号发布，2017 年水利部令第 49 号修改）

第三十条　施工单位必须依据国家、水利行业有关工程建设法规、技术规程、技术标准的规定以及设计文件和施工合同的要求进行施工，并对其施工的工程质量负责。

5. 主坝左坝肩处下游坡比不满足设计要求

设计要求主坝下游坝坡坡比为 1∶2.5。调查组经现场测量，主坝部分坝段下游坝坡的实际坡比仅为 1∶1.9，不满足设计要求。不符合《建设工程质量管理条例》（2000 年国务院令第 279 号发布，2019 年国务院令第 714 号修改）第二十八条的规定。

**【法规标准依据】**

《建设工程质量管理条例》（2000 年国务院令第 279 号发布，2019 年国务院令第 714 号修改）

第二十八条　施工单位必须按照工程设计图纸和施工技术标准施工，不得擅自修改工程设计，不得偷工减料。

6. 部分坝体建筑物未按设计要求实施

技施设计文件中，主坝和副坝坝脚均设有排水沟，主坝下游侧设马道，新建副坝上游侧为干砌石护坡。现场调查发现，除了副坝坝脚留有局部排水沟之外，主坝、新建副坝坝脚均取消了排水沟；主坝下游侧马道、新建副坝上游侧干砌石护坡均未实施，见图 1－5。不符合《水利工程质量管理规定》（1997 年水利部令第 7 号发布，2017 年水利部令第 49 号修改）第三十条的规定。

**【法规标准依据】**

《水利工程质量管理规定》（1997 年水利部令第 7 号发布，2017 年水利部令第 49 号修改）

第三十条 施工单位必须依据国家、水利行业有关工程建设法规、技术规程、技术标准的规定以及设计文件和施工合同的要求进行施工，并对其施工的工程质量负责。

图 1-5 主坝下游侧马道、排水沟均未实施

## （三）监理单位

1. 随意更改坝体填筑碾压指标

设计单位提交的技施设计文件中明确，坝体碾压指标干容重 $18.06kN/m^3$。施工时，经现场碾压试验，将坝体碾压指标更改为干密度 $1.71g/cm^3$，对应的压实度为 95.4%，不满足设计要求。工程实施过程中，在未进行设计论证的情况下，仅通过参建单位口头确认的方式，又将新建副坝碾压指标更改降低为干密度 $1.65g/cm^3$。监理单位未严格控制。不符合《建设工程质量管理条例》（2000 年国务院令第 279 号发布，2019 年国务院令第 714 号修改）第三十六条的规定。

**【法规标准依据】**

《建设工程质量管理条例》（2000 年国务院令第 279 号发布，2019 年国务院令第 714 号修改）

第三十六条 工程监理单位应当依照法律、法规以及有关技术标准、设计文件和建设工程承包合同，代表建设单位对施工质量实施监理，并对施工质量承担监理责任。

2. 对未按设计要求施工的行为予以认可

工程实施中，新建副坝未按设计要求开挖、清基，主坝左坝肩帷幕灌浆未按设计要求完成，主坝左坝肩处下游坡比不满足设计要求，擅自取消排水沟、主坝下游侧马道、新建副坝上游侧干砌石护坡等，监理单位在相关验收文件中予以签字确认。不符合《建设工程质量管理条例》(2000 年国务院令第 279 号发布，2019 年国务院令第 714 号修改) 第三十六条的规定。

**【法规标准依据】**

《建设工程质量管理条例》(2000 年国务院令第 279 号发布，2019 年国务院令第 714 号修改)

第三十六条 工程监理单位应当依照法律、法规以及有关技术标准、设计文件和建设工程承包合同，代表建设单位对施工质量实施监理，并对施工质量承担监理责任。

**(四) 项目法人**

1. 分部工程验收部分支撑资料缺失

检查分部工程验收资料发现，验收签证内容过于简单，部分主要施工项目及相应设计指标缺失或者描述不清，相应的工程质量评价缺少必要的检测数据。

2. 不合格的帷幕灌浆项目通过分部工程验收

项目法人主持左坝肩灌浆工程分部工程验收时，部分帷幕灌浆施工内容尚未实施；已完成的帷幕灌浆施工项目，仅列出了钻孔数量与总长度，没有列出设计要求的透水率控制指标，没有灌浆基本情况描述，没有检查孔压水试验成果，不能判定帷幕灌浆效果是否满足设计要求。在上述情况下，项目法人主持通过了分部工程验收，质量监督机构核定为合格。

### （五）质量监督机构

质量监督机构对副坝坝内混凝土涵管擅自组织实施、主坝左坝肩帷幕灌浆未按设计要求完成、副坝上游侧干砌石护坡未实施等问题，未及时发现并制止，质量监督工作缺位。不符合《水利工程质量监督管理规定》（水建〔1997〕339号）第二十三条的规定。

**【法规标准依据】**

《水利工程质量监督管理规定》（水建〔1997〕339号）

第二十三条　工程质量监督的主要内容为：

……

（四）监督检查技术规程、规范和质量标准的执行情况。

### （六）工程验收

省级水行政主管部门主持了水库除险加固工程竣工验收，在初步设计批复的安全观测设施、水库水文观测站等项目未实施，副坝内擅自增加坝内输水涵管、取消上游干砌石护坡等重大设计变更未履行审批手续、主坝帷幕灌浆工程尚未全部完成等情况下，工程通过了竣工验收。不符合《建设工程质量管理条例》（2000年国务院令第279号发布，2019年国务院令第714号修改）的相关规定。

## 四、相关启示

启示一：项目法人、设计单位、施工单位、监理单位以及后期的运行管理单位相关责任人质量意识和专业素养不够。对坝体（堤防）与建筑物的结合部位是工程质量安全薄弱点、高风险点的认识不到位；对坝体灌浆是工程建设的关键环节、直接涉及坝体安全的认识也不到位。该工程建设和运行管理的相关各方对上述重要部位和关键环节都没有予以重点关注，是造成这起事故的思想根源。

启示二：在工程建设过程中，不按设计图纸施工、擅自变更设计内容和质量指标，是造成工程存在重大质量安全隐患的直接原因。该问题在本工程中表现尤为突出：擅自进行副坝坝内埋管施工，擅自降低坝体填筑质量标准，不按设计要求对副坝基础进行开挖清基，不按设计要求进行主坝左坝肩帷幕灌浆施工，不按设计要求进行主坝左坝肩处下游坡比施工，不按设计要求实施主坝和新建副坝坝脚的排水沟，不按设计要求实施主坝下游侧马道、新建副坝上游侧干砌石护坡等。《中华人民共和国建筑法》《建设工程质量管理条例》明确规定，施工单位应按工程设计图纸施工，监理单位应按设计图纸开展监理工作，这是保证工程实现设计意图的前提和保证工程质量最基本要求。施工过程中，如果不按图施工就擅自修改工程设计，其直接的后果，往往违反了原设计的意图，影响工程质量，严重的将给工程结构安全留下隐患。履行验收职责的相关单位和部门，也应将工程是否按批准的设计内容完成作为验收的首要内容，做到发现问题不放过，问题不整改不放过。

启示三：水利工程的质量管理应重点关注过程控制，项目法人、设计、施工、监理以及水行政主管部门均应履行各自监管责任，这是避免发生质量安全事故的保障。该工程在建设实施过程中，项目法人、设计单位、施工单位、监理单位、政府质量监督直至工程验收等各个环节的质量监管均形同虚设，最终造成大坝溃口事故，教训十分深刻。

# 【案例2】 某除险加固水库大坝险情调查案例

## 一、基本情况

### （一）水库概况

该水库于1975年动工兴建，1984年竣工。总库容121.21万$m^3$，工程等别为Ⅳ等，设计水位218.51m，校核水位218.84m，正常蓄水位217.25m，死水位201.83m。该水库是以灌溉为主，兼顾防洪、供水、旅游等综合利用的小（1）型水库。大坝为黏土斜墙土坝，最大坝高33.17m，坝顶高程219.90m、宽7.10m、长140.00m，黏土斜墙顶高程218.86m，采用干砌块石护坡。

2009年4月，水库主管部门组织编制了大坝安全评价报告。安全鉴定主要结论：坝身填筑不密实，质量差，清基不彻底，防浪墙及上下游干砌块石护坡局部变形破损，下游坝脚无反滤设施，排水沟未衬砌，排水不畅等。地质勘察报告提出：大坝上游黏土斜墙分为不连续、错位的上下两段，上部高程为210.66～218.86m，下部斜墙高程为202.96～184.02m，两段黏土斜墙高差达7.70m；且坝体填土结构松散，以壤土、砂壤土为主，大坝黏土斜墙物质成分较杂，由黏壤土夹砂岩角砾、碎石组成，角砾、碎石粒径10～25mm，含量10%～15%，渗透性指标偏大，不满足抗渗要求，建议塑性防渗墙进行截渗处理，结合坝基局部进行帷幕灌浆处理。

2011年1月，大坝除险加固工程正式开工，2012年6月完成完工验收。批复工程总投资为459.39万元（中央补助资金450.00万元）。加固的主要内容包括：

（1）坝身加固设计。大坝防渗加固采用充填灌浆，接上段黏土斜墙。

灌浆孔中心线平行于大坝轴线，布置在上游坝坡高程 212.00m 处，双排两序布孔，排距 1.00m，孔距 2.00m，灌浆材料为水泥黏土浆。

(2) 坝基防渗加固。结合充填灌浆孔，进行坝基帷幕灌浆，灌浆深度按 5m，主要对坝基接触带进行处理。帷幕灌浆孔与充填灌浆孔孔排距相同，排距 1.00m，孔距 2.00m。

**(二) 险情情况**

1. 险情发生经过和处理过程

某水库大坝运行中上游坝坡发生渗漏险情。

4 日约 9：30，水库管理员发现大坝下游坡脚高程 184.31m 处有黄泥水集中渗出，出水混浊，流量较大。渗漏入口中心位于纵向桩号 B0＋050 处，渗漏入口高程为 210.89～212.89m，顺坝轴线方向宽约 3.50m，顺水流方向水平长约 4.50m；下游坝脚塌陷位于高程 186.50m，桩号 B0＋070 处，范围横宽约 4.00m，纵宽约 3.50m，坡面变形高程范围 186.50～190.63m、宽度约 10.00m。

4 日 17：30，渗流量约为 0.213$m^3$/s。

5 日凌晨 2：00，渗流量约为 0.300$m^3$/s；凌晨 3：00 渗流量约为 0.500$m^3$/s，水流浑浊度略有变化。

5 日 15：00，渗流量增大至峰值约 0.886$m^3$/s。

应急抢险队伍采用在大坝上游渗漏点抛投石料和黏土进行渗漏入口闭气，下游坝脚堆填袋装石及格宾石笼压渗，多台水泵抽水降低库水位等措施，渗漏流量逐渐降低。

6 日早上，随着水库水位下降至 211.96m，渗流量降至 0.076$m^3$/s，渗漏进口漏洞露出水面，险情得到控制。

6 日傍晚，漏洞入口成功封堵。

6 日 20：00，坝体渗流量降至 0.008$m^3$/s。

7 日 14：00，渗流量降至 0.001$m^3$/s，险情排除。

2. 抢险投入情况

经抢险有关部门统计，本次应急抢险共投入抢险劳力 4500 人次，军、警力 2100 人，物资投入 314.64 万元。

## 二、事故直接原因

### （一）水库除险加固不重视，责任不落实

从初设方案批复到现场监督管理，有关部门和项目实施单位对水库除险加固工作不重视，地方政府责任人、主管部门责任人和项目建设单位责任人责任不落实，造成项目实施的设计、施工、监理、验收等各个环节失控，是造成该水库除险加固后出现集中渗漏的主要原因。

### （二）集中渗漏产生的主要原因

充填灌浆防渗处理未在坝体内形成连续的垂直防渗墙，充填灌浆施工平台（高程212.00m）正处于大坝上游上一级黏土斜墙（斜墙底部高程210.66m）范围，充填灌浆平台开挖破坏了原坝体的整体性，黏土斜墙回填处理碾压质量差，充填灌浆孔未按设计要求进行封堵，直接影响了开挖平台附近的防渗能力；帷幕灌浆与部分充填灌浆同孔，充填灌浆和帷幕灌浆施工质量失控，孔内存较多孔洞和疏松体，造成坝体竖向渗漏通道；坝基处于风化岩石破碎层，且在空库的情况下仍富含承压水，直接影响到整个坝体的渗流稳定，现场开挖和质量检测过程中均未发现坝体内有白蚁活动迹象。综上所述，实施除险加固和原始坝体质量问题是造成该水库除险加固后出现集中渗漏的直接原因。

## 三、存在的主要问题

### （一）现场检查主要情况

1. 初步设计推荐方案错误

初步设计提出了在上游坡高程212.00m处，采用充填灌浆或高压旋喷灌浆进行坝体防渗处理的两种坝体防渗处理比选方案，推荐采用充填灌浆处理方式。根据规范，本工程的坝体防渗加固并不适合采用充填灌浆。2010年10月，省水利厅对初步设计进行了批复，同意对在上游坡高程212.00m处采用充填灌浆进行坝体防渗处理，坝基采用帷幕灌浆。该工程施工图设计与初步设计方案一致。

经批复的坝体充填灌浆防渗处理设计方案不能实现在坝体内形成连

续的垂直防渗墙，无法解决安全鉴定报告提出的“坝身填筑不密实，质量差”和地质勘察报告建议的“采用塑性防渗墙进行截渗处理”的问题。现场对充填灌浆部位开挖查看，有两排直径 15～20cm 的凝固体桩柱，坝体内未见连续的垂直防渗体。不符合 SD 266—88《土坝坝体灌浆技术规范》第 1.0.4 条和第 3.3.1 条的规定（此项标准已于 2014 年 10 月废止，最新标准要求：SL 564—2014《土坝灌浆技术规范》第 3.6.1 条的规定）。

**【法规标准依据】**

SD 266—88《土坝坝体灌浆技术规范》

1.0.4　充填式灌浆适用于处理性质和范围都已确定的局部隐患。

3.3.1　当坝体存在局部裂缝及洞穴等，可按充填式灌浆设计。

现行规范：SL 564—2014《土坝灌浆技术规范》

3.6.1　当坝体存在局部裂缝及洞穴等，可按充填式灌浆设计。

2. 除险加固后处理不规范

经现场查勘，上游坝坡高程 212.00m 原灌浆平台进行开挖后，充填灌浆为两排布置、排距 1.00m、孔距 2.00m，基本满足设计要求，形成直径 15～20cm 柱形凝固体。坝体土质以壤土、砂壤土为主，防渗能力低；上游坝坡高程 212.00m 回填土中含较多碎石或砾石，密实度差；坝坡干砌块石厚度偏小，面石下多为厚度约 0.10m 的片石，未按设计要求铺设厚 0.10m 的砂垫层。不符合《建设工程质量管理条例》（2000 年国务院令第 279 号发布，2019 年国务院令第 714 号修改）第二十八条的规定。

**【法规标准依据】**

《建设工程质量管理条例》（2000 年国务院令第 279 号发布，2019 年国务院令第 714 号修改）

第二十八条　施工单位必须按照工程设计图纸和施工技术标准施工，不得擅自修改工程设计，不得偷工减料。

## （二）实体质量检测主要情况

1. 黏土斜墙回填碾压质量差

现场对灌浆施工平台部位全部进行开挖发现，黏土斜墙（含出水口部位）土质不均匀，含碎石、砾石多，碾压质量差，选取开挖平台 9 个部位的黏土斜墙进行回填土压实性质量检测，检测结果为不合格。不符合 SL 631—2012《水利水电工程单元工程施工质量验收评定标准——土石方工程》第 6.2.6 条的规定。

**【法规标准依据】**

SL 631—2012《水利水电工程单元工程施工质量验收评定标准——土石方工程》

6.2.6 土料压实度和最优含水率应符合设计要求。3 级中低坝及 3 级以下中坝的压实度不低于 96%。

2. 未按设计要求对灌浆孔封堵

经现场查询，充填灌浆孔口（含出水口部位）的封堵措施为：在孔口 50cm 范围内采用黏土球回填，未按设计要求“灌浆结束后，待孔内浆液不再流动时，向孔内灌注稠浆或用含水率适中的制浆土料回填捣实，进行封口”进行处理。不符合 SD 266—88《土坝坝体灌浆技术规范》第 4.7.4 条的规定（此项标准已于 2014 年 10 月废止，最新标准要求：SL 564—2014《土坝灌浆技术规范》第 4.6.2 条的规定）。

**【法规标准依据】**

SD 266—88《土坝坝体灌浆技术规范》

4.7.4 封孔质量应符合设计要求。

现行规范：SL 564—2014《土坝灌浆技术规范》

4.6.2 当每孔灌浆结束后，应进行灌浆封孔。封孔时应将注浆管拔出，向孔内灌注密度大于 1.5g/cm$^3$ 的稠浆，多次灌注，直至浆面升至孔口不再下降为止。待孔口完全析水后，应用含水率适中的制浆土料将孔口回填捣实整平。

3. 充填灌浆施工质量失控

查阅的质量评定资料中，无充填灌浆的水泥黏土浆质量控制过程。现场选取8个充填灌浆部位进行钻孔取芯芯样检测，灌浆柱体渗透系数不符合设计要求，灌浆柱体中成分不符合设计要求；8个钻孔的充填灌浆防渗体均存在不同程度、高程的孔洞、疏松体。另外，通过无损检测仪器探测，坝体内存在3处疑似孔洞，直径为1～2m、长度为15～18m、距高程212m（出水口高程）以下13～21m，有4个钻孔（8个充填灌浆钻孔）穿过3段孔洞，经钻孔电视仪成像检测，有1处为废弃横向混凝土管、2处为未被灌浆填充的横向疏松体（钻杆在此处出现自重下落，芯样松散不成型）。不符合SD 266—88《土坝坝体灌浆技术规范》第6.1.1条、第6.1.2条、第6.1.3条、第6.1.4条的规定（此项标准已于2014年10月废止，最新标准要求：SL 564—2014《土坝灌浆技术规范》第6.1.1条、第6.1.2条、第6.1.3条、第6.2.1条、第6.2.2条的规定）。

**【法规标准依据】**

SD 266—88《土坝坝体灌浆技术规范》

6.1.1　质量检查可以分为灌浆过程的中间检查和灌浆结束后的最终检查。

6.1.2　中间质量检查的主要内容包括，按设计要求检查布孔、造空、工艺操作、浆液性能、综合控制情况，各孔终止灌浆达到的标准……

6.1.3　最终质量检查的主要内容包括，坝体内部质量（泥墙厚度、密度、连续性、均匀性）……

6.1.4　最终质量检查方法，主要是分析资料和进行观测，并配合钻孔，探井取样测定。

现行规范：SL 564—2014《土坝灌浆技术规范》

6.1.1　土坝灌浆应进行灌浆过程检查和灌浆质量检查。

6.1.2　灌浆过程检查应符合下列要求：

1　灌浆过程资料齐全。

2　灌浆过程检查及监测成果满足相关要求。

6.1.3 灌浆质量检查应符合下列要求：

1 灌浆结束后坝后渗流量和浸润线符合设计要求。坝坡烟湿面积基本消失或明显减少，坝后下游浸润线出逸点或测压管水位明显降低。

2 坝体内部裂缝、洞穴等隐患，得到浆液充填压密，坝体变形基本处于稳定。

6.2.1 灌浆过程检查的主要内容应包括：布孔、钻孔、制浆和灌浆等工序，工艺和技术参数，综合控制情况，各孔结束灌浆是否达到标准，灌浆监测成果以及特殊情况处理等。

6.2.2 灌浆质量检查的主要内容应包括：泥墙厚度、密度、连续性、均匀性，对原有裂缝、洞穴、隐患的充填密实情况，坝体变形、坝顶裂缝、浸润线出逸点及坝后渗流量变化情况等。

4. 帷幕灌浆施工质量失控

通过无损检测仪器探测和钻孔取芯验证，发现坝基接触带为高富含水的风化岩石破碎带，破碎带中承压水水头为4.40～10.10m；经钻孔取芯检测，帷幕灌浆体的透水率未达到设计要求。不符合SL 633—2012《水利水电工程单元工程施工质量验收评定标准——地基处理与基础工程》第4.2.5条的规定。

**【法规标准依据】**

SL 633—2012《水利水电工程单元工程施工质量验收评定标准——地基处理与基础工程》

4.2.5 帷幕灌浆效果检查符合设计要求和规范要求是岩石地基帷幕灌浆单元工程评定合格的前提。

## 四、处理情况

当地省级人民政府组织对水库除险加固资金使用情况进行了调查核实，依法依规对相关责任单位和责任人进行了处理。省级水行政主管部门依法依规对水库除险加固相关责任单位和责任人进行了追责。

## 五、相关启示

中小型水库除险加固工程规模不大、投资不太多，却和老百姓的生命和财产安全密切相关。不少从业人员想当然地认为，即使加固施工质量再差，加固后的水库也会更加安全。事实上，错误的加固设计方案带来的效果很可能恰恰相反，不正确地施工对原建筑物的扰动会带来严重的后果，有时甚至会导致水库越除越险。该水库在经过除险加固后发生大坝集中渗漏，最直接的原因是除险加固设计方案错误。

水库除险加固设计不同于新建工程的设计，设计中需要充分考虑已有工程的特点，注意新、老建筑物的结合。在设计前期的勘测过程中，必须加大投入，务求将工程隐患查清，使工程设计具有充分的依据，从而保证设计质量，彻底消除险情。

众多的工程实践经验表明，水库的除险加固效果，除了与其所采用的方法有关外，还与建筑物现状有着密切的关系，千篇一律的加固方案尤为不可取。针对不同的病险类型和工程特点，选择科学合理的加固方案，是保障水库除险加固工程质量和效果的最重要环节，需要引起足够重视。2020 年 5 月，水利部办公厅印发《关于开展小型水库除险加固攻坚行动的通知》（水建设〔2020〕90 号），要求盯紧关键环节，找准水库病险隐患，严格设计质量管理。

# 【案例3】 某堤防塌方举报调查案例

## 一、基本情况

### （一）工程概况

该堤防工程等别为Ⅳ等，防洪标准为20年一遇，工程级别为4级。左岸填筑堤防长度4708m（桩号左堤0＋000～4＋708），堤顶宽度8m，采用6m宽沥青混凝土路面硬化，迎、背水侧坡比均为1∶2。左堤新设5处上堤路，采用C30混凝土硬化路面，两侧设C30混凝土路缘石、土路肩，宽度共6m，厚度0.2m，边坡比为1∶2。

### （二）举报情况

2020年暴雨后，媒体反映某市有河堤出现多处塌方，塌方范围为左岸堤防桩号3＋300～4＋040，主要有2处：上堤路（桩号4＋040）、堤防背水侧（桩号3＋445～3＋505）。调查表明媒体所反映的情况基本属实。

1. 上堤路（桩号4＋040）

道路南侧长约10m的路基已经发生坍塌，路面、路基都已裸露，南侧的植被被冲走（图3－1和图3－2）。

图3－1 上堤路图片

图3－2 上堤路口塌坡细节图

2. 堤防背水侧（桩号 3＋445～3＋505）

在入口北侧的河堤段出现了两处坍塌点。其中一处在水利小屋的东侧，有一段河堤挡着长约 30m 的防汛沙袋，并用塑料薄膜包裹（图 3－3）。

图 3－3 左岸堤防 3＋445～3＋505 段背水侧雨淋沟图片

## 二、存在的主要问题

### （一）上堤路（桩号 4＋040）

上堤路面原设计宽度 6m，施工单位根据群众要求自行加宽至 7～8m，但上堤路路堤底部未同步进行加宽，造成边坡最陡达到 1∶0.98，远小于设计边坡坡比 1∶2。不符合 SL 176—2007《水利水电工程施工质量检验与评定规程》表 A.3.1－2 堤防工程外观质量评定标准的规定。断面尺寸实测值见表 3－1。

**表 3－1 两段上堤路断面实测尺寸表**

| 断 面 | 左侧坡比 | 右侧坡比 | 上堤路路面宽度/m |
|---|---|---|---|
| 断面 1 | 1∶1.68 | 1∶1.83 | 7.83 |
| 断面 2 | 1∶2.00 | 1∶1.75 | 7.53 |
| 断面 3 | 1∶1.03 | 1∶2.06 | 7.15 |
| 断面 4 | 上段 1∶1.93<br>下段 1∶0.98 | 上段 1∶1.86<br>下段 1∶1.25 | 7.41 |

**【法规标准依据】**

SL 176—2007《水利水电工程施工质量检验与评定规程》

**表 A.3.1-2　　堤防工程外观质量评定标准**

| 检查、检测内容 | | | 质量标准 |
|---|---|---|---|
| 土堤 | 高程 | 堤顶 | 允许偏差为0～+15cm |
| | 宽度 | 堤顶 | 允许偏差为-5～+15cm |
| | 边坡坡度 | | 不陡于设计值，目测平顺 |

### （二）堤防背水侧（桩号3+445～3+505）

冲沟位于左岸堤防3+467处，该处堤顶高程低于相邻堤段堤顶高程，50m内堤顶的最大高程差为20cm；堤顶路面背水侧高程整体低于迎水侧高程。堤脚处有一处房屋未拆除，且距堤脚过近。此外，堤防的个别断面也存在坡比陡于设计值的情况。不符合SL 176—2007《水利水电工程施工质量检验与评定规程》表A.3.1-2堤防工程外观质量评定标准的规定。

**【法规标准依据】**

SL 176—2007《水利水电工程施工质量检验与评定规程》

**表 A.3.1-2　　堤防工程外观质量评定标准**

| 检查、检测内容 | | | 质量标准 |
|---|---|---|---|
| 土堤 | 高程 | 堤顶 | 允许偏差为0～+15cm |
| | 宽度 | 堤顶 | 允许偏差为-5～+15cm |
| | 边坡坡度 | | 不陡于设计值，目测平顺 |

## 三、原因分析

### （一）质量检测情况

1. 施工过程压实度检测情况

施工过程中，施工单位委托检测单位分别对左三标堤防桩号3+340、

3＋390、3＋460、3＋530，左四标堤防桩号 3＋660、3＋720、3＋780、3＋850、3＋910、3＋970 进行了压实度检测，检测结果均满足设计要求。

根据监理单位现场检测记录，监理单位对左三标堤防桩号 3＋360～3＋588 的 3 处、左四标堤防桩号 3＋588～4＋200 的 9 处进行压实度检测，检测结果均满足设计要求。

2. 调查组委托检测单位检测情况

为进一步验证堤防质量情况，调查组委托质量检测单位对该段堤防压实度进行了抽检。抽检情况见表 3－2。

**表 3－2　　　　堤防回填土压实度评价表**

| 桩　号 | 取样部位 | 样本数 | 合格数 | 最小压实度 | 合格率/% |
|---|---|---|---|---|---|
| 3＋310 | 迎水侧高程 9.2m | 6 | 6 | 93 | 100 |
| | 迎水侧高程 9.5m | 6 | 6 | 94 | 100 |
| | 背水侧高程 9.7m | 6 | 6 | 95 | 100 |
| | 背水侧高程 10.0m | 6 | 6 | 93 | 100 |
| 3＋400 | 迎水侧高程 9.5m | 6 | 6 | 93 | 100 |
| | 迎水侧高程 10.0m | 6 | 6 | 93 | 100 |
| | 背水侧高程 9.2m | 6 | 6 | 94 | 100 |
| | 背水侧高程 9.5m | 6 | 6 | 94 | 100 |
| 3＋700 | 迎水侧高程 11.0m | 6 | 6 | 91 | 100 |
| | 迎水侧高程 11.3m | 6 | 6 | 93 | 100 |
| | 背水侧高程 11.0m | 6 | 5 | 89 | 83.3 |
| | 背水侧高程 11.3m | 6 | 6 | 92 | 100 |
| 3＋900 | 迎水侧高程 10.0m | 6 | 6 | 93 | 100 |
| | 迎水侧高程 10.3m | 6 | 6 | 92 | 100 |
| | 背水侧高程 9.7m | 6 | 6 | 93 | 100 |
| | 背水侧高程 10.0m | 6 | 6 | 94 | 100 |
| 共计 | | 96 | 95 | 89 | 99 |

**注**　设计标准为堤防回填土方压实度不小于 0.91。

检测结果表明，堤防工程压实度抽检96处，合格率为99%，与施工过程中的检测结果是一致的，堤防填筑质量符合设计和规范要求。

### （二）塌方原因分析

通常情况下，堤防填筑质量不合格、堤防坡度不合格和坡面排水是堤防发生塌方的主要原因，但检测结果表明本工程填筑质量是合格的。

对上堤路，塌方的主要原因是上堤路边坡坡比不满足设计要求。同时，暴雨形成的汇流越过路缘石顶集中冲刷路基和边坡上的填土，或浸入土体，使土体的抗剪强度降低，外加下渗雨水的渗透力，多种原因共同作用下导致局部塌方和损毁。

对堤防背水侧（桩号3＋445～3＋505），形成2条冲沟的主要原因是堤顶路面起伏偏大，堤顶雨水向低处汇流漫过路缘石集中冲刷边坡导致。

## 四、处理情况

当地水行政主管部门对原建设单位主要负责人、技术负责人，有关监理企业、施工企业主要负责人进行了约谈。对监理单位项目总监、监理工程师，施工单位项目经理等有关人员进行了通报批评、扣除奖金等处罚。

## 五、相关启示

相较于大坝、水闸等按永久挡水设计的建筑物，堤防工程设计时并未考虑永久挡水，只是按汛期临时挡水进行设计。某种程度上讲，堤防工程的设计标准是低于大坝、水闸的，这里有经济方面的因素，也有是否必要方面的考虑。因此，汛期来临时，一旦开始挡水，需要加强对堤防的巡查。挡水过程中，局部出现险情也是正常的。

本工程堤防填筑质量符合设计和规范要求，但在暴雨过后仍出现一定程度的损毁，主要原因是堤防的结构尺寸偏差严重不符合规范要求，上堤路损毁主要是由于盲目加宽堤顶路面导致坡度过陡，损毁主要是由于堤顶高程起伏过大导致雨水汇集后集中下泄。这提醒我们，在堤防施工和验收中，除了关注填筑质量外，还应高度重视堤防的结构尺寸是否合格，包括断面尺寸、堤顶高程等。

结构尺寸，尤其是堤防工程的结构尺寸是比较容易量测的，很多情况下肉眼就可以区分尺寸偏差是否合格，对施工人员和监理人员来讲，不存在任何难度。这些明显的尺寸偏差不合格能在多次检验和验收中一路过关，只能说明相关质量检验人员、验收人员质量意识淡薄，工作流于形式！

# 【案例4】 某河道治理工程以次充好偷工减料案例

## 一、基本情况

### （一）工程概况

该河道治理工程跨多个地级市，由各地级市分别成立项目法人分头实施。其中某地级市的重点段河道治理长度约50km，共分为7个标段。工程批复初步设计概算投资约为1.4亿元，工程总工期2年。

1. 施工2标

施工单位具备水利水电工程施工总承包壹级资质，监理单位具备水利工程施工监理甲级资质。主要建设内容为主槽防护、堤防工程、排水涵洞、壅水坝、支流入河口工程。合同总金额1290.17万元。

该标段共划分为3个单位工程、11个分部工程、466个单元工程，截至调查时完成123个单元工程，施工自评123个单元工程，监理复核60个单元工程，全部评定为合格。

2. 施工3标

施工单位具备水利水电工程施工总承包贰级资质，监理单位具备水利工程施工监理甲级资质。主要建设内容为主槽防护工程，钢板闸土建、金结、电气设备及安装。合同总金额1395.64万元。

该标段共划分为3个单位工程、9个分部工程、375个单元工程，截至调查时完成40个单元工程，施工自评40个单元工程，监理复核40个单元工程，全部评定为合格。

### （二）举报情况

2019年，有媒体反映某省某河流重点段河道治理工程施工2标、施工3标施工中存在“以次充好、偷工减料”的问题。媒体反映问题时，工程正处于施工高峰期，约完成概算投资的20%。水利部组织调查组，赴现场进行了调查。调查表明媒体所反映的情况基本属实。

## 二、存在的主要问题

经现场调查，媒体反映的以次充好、偷工减料问题基本属实。

### （一）以次充好问题

经现场查看量测，施工 2 标段、3 标段的部分已完工格网石笼中的石料质量较差。一是存在较多风化石料和页岩，不满足“饱和强度大于 30MPa，软化系数大于 0.75”的设计文件要求，详见图 4－1。二是石料粒径最小的小于 50mm、最大的超过 1000mm，不满足“粒径尺寸 150～300mm”的设计文件要求，详见图 4－2。不符合《建设工程质量管理条

图 4－1　格网石笼中页岩和风化石料情况

图 4－2　格网石笼中石料粒径不合格情况

例》(2000 年国务院令第 279 号发布，2019 年国务院令第 714 号修改）第二十九条的规定。

**【法规标准依据】**

《建设工程质量管理条例》(2000 年国务院令第 279 号发布，2019 年国务院令第 714 号修改)

第二十九条 施工单位必须按照工程设计要求、施工技术标准和合同约定，对建筑材料、建筑构配件、设备和商品混凝土进行检验，检验应当有书面记录和专人签字；未经检验或者检验不合格的，不得使用。

### （二）偷工减料问题

1. 施工 2 标

一是上部两层格网石笼未按设计文件要求设置土工布反滤层，局部未按设计文件要求铺设砂砾石垫层。现场开挖两处格网石笼箱体和边坡发现，格网石笼下反滤土工布铺设高度均低于高程 860.80m（设计文件要求铺设高程 861.80m)，上部两层格网石笼下无反滤土工布（图 4－3)；设计文件要求格网石笼护岸下挖深 1.2m 后铺设反滤土工布，再使用砂砾石回填碾压，现场开挖抽查未见砂砾石。二是未按《施工技术说明》要求设置格网石笼水平拉筋，各相连格网石笼未联结成一体。三是局部格网石笼尺寸偏差超过 20%，超过设计文件 12%的允许偏差值。

2. 施工 3 标

一是局部未按设计文件要求铺设砂砾石垫层。设计文件要求格网石笼护岸下平均挖深 1.2m 后铺设反滤土工布，再使用砂砾石回填碾压，现场开挖抽查未见砂砾石。二是格网石笼已填筑的石料不密实，存在较多孔洞（图 4－4)。三是是局部格网石笼尺寸偏差超过 20%，超过设计文件 12%的允许偏差值。不符合《建设工程质量管理条例》(2000 年国务院令第 279 号发布，2019 年国务院令第 714 号修改）第二十八条的规定。

图 4－3　施工 2 标现场开挖 3 层石笼未见土工布

图 4－4　施工 3 标格网石笼石料间孔洞

【法规标准依据】

《建设工程质量管理条例》（2000 年国务院令第 279 号发布，2019 年国务院令第 714 号修改）

第二十八条　施工单位必须按照工程设计图纸和施工技术标准施工，不得擅自修改工程设计，不得偷工减料。

## 三、原因分析

### （一）项目法人管理和技术力量不满足工程建设需要

项目法人共有 8 名工作人员，其中法人代表和技术负责人均为兼职人员，再除去 2 名财务人员和 1 名后勤人员，只有 3 名技术管理人员。项目法人未建立质量管理体系，未有效制定工程质量、安全、进度、投资、合同和档案管理等方面的制度；未对重要隐蔽（关键部位）单元工程进行项目划分和质量评定；未定期对工程开展质量检查，对发现的质量问题督促整改不力。

### （二）监理单位人员配备严重不足

监理单位投标承诺派驻施工现场总监理工程师、副总监理工程师、监理员和资料员各 1 名，监理工程师 3 名，共计 7 名监理人员。经现场核查，仅总监理工程师和1名监理工程师到岗，远远少于投标承诺的监理人员数量。监理单位提供的原材料检测见证取样记录表中，委托人（施工）签字栏和见证人（监理）签字栏的签名字迹一致，经笔迹对比，疑似均由其他人代签。

**（三）设计变更不规范**

一是项目法人在未履行重大设计变更程序的情况下，擅自同意由施工单位自行采购格网石笼的填充石料，未使用设计文件要求的料场石料。批复的设计文件中明确，施工2标、3标有两个石料场，其中一个石料场距工程末端约10km，储量75万$m^3$；另一个石料场距工程始端约12km，储量360万$m^3$。料场的质量和储量均能满足工程需要。

二是批复的设计文件中施工2标段部分河段水平护脚以上的重力式挡墙设计断面为5层格网石笼，但设计单位提供的施工图为4层格网石笼。

三是批复设计文件中，施工3标的13.15km主河槽防护岸形式为重力式格网石笼阶梯挡墙，但设计单位提供的施工图为坡比1：2的7层格网石笼。

**（四）施工单位质量意识淡薄**

在项目法人、监理单位管理薄弱，设计变更极不规范的情况下，施工单位没有坚持职业操守，加强自身的质量管理，而是看到了有利可图，开始偷工减料。除去前述的诸多问题外，还涉嫌在质量检测中弄虚作假，两个施工单位分别委托检测单位对10组和12组块石进行检测，上述检测报告显示石料质量全部合格，显然与工程现场已完格网石笼中存在大量不合格石料的情况不符。

## 四、处理情况

当地省级水行政主管部门对问题相关的7家市场主体进行了通报批评、记不良行为记录、停业整顿、罚款等行政处罚，其中勘测设计1家、监理单位1家、施工单位2家、质量检测单位3家；对问题相关的16名责任人进行了行政警告、诫勉谈话、通报批评、停止执业资格等行政处罚。当地人民政府和纪委监委分别对问题相关的4名责任人进行了免职、党内警告等处理。

## 五、相关启示

近年来，大批中小河流治理项目陆续开工建设，各类监督检查显示此类项目的施工质量着实令人担忧，尤其在格网石笼施工方面质量问题较为突出。已完工程运行时间不久，格网破损、土工织物损坏的现象在河道、滨河公园里较为常见，已经给老百姓带来不便、留下不好的印象。

客观上，文中反映的这些质量问题并不存在技术上的难度，施工过程中发现并加以有效解决是完全可能的，这些问题一直未能有效解决的主要原因是工程管理上的弱化虚化，尤其表现在项目法人管理的不到位上。在本项目中，项目法人的管理能力薄弱甚至缺失，对设计、监理、施工等单位均缺少有效的管理，一定程度上让其他参建单位看到了有利可图的机会，有关人员质量意识淡薄、工作上得过且过，监理人员配备严重不符合投标承诺无人问津，设计随意变更而不履行程序，施工单位如此以次充好、偷工减料，也可以通过单元工程验收，顺利拿到工程款。

本案例说明，规范项目法人组建，落实主要管理人员职责，配备满足工程建设管理需要的专职人员，提升管理人员质量意识，为项目法人在工程建设管理中发挥核心作用提供保障，是中小型河流治理类项目建设管理的重中之重。

# 【案例5】 某水库工程高处坠落事故

## 一、基本情况

### （一）水库概况

该水利枢纽工程是一座以防洪为主，结合城市供水，兼顾发电和生态环境供水等综合利用的大（2）型水利枢纽工程，工程等别为Ⅱ等，总库容1.373亿$m^3$，其主要建筑物有拦河坝、泄水建筑物及供水、发电引水建筑物、电站厂房、底孔消力池和下游防护工程，设计年平均发电量408.6万kWh。工程概算总投资375337万元，2013年8月20日正式开工建设，2017年底左右竣工。

该工程的建设单位为A工程建设管理局。施工单位为B水利水电工程有限公司，B公司在施工现场设置B水利水电工程有限公司项目部，由项目部对工程实施安全、技术、质量等管理，C水工混凝土模板施工有限公司为B公司项目部对工程混凝土模板施工的劳务分包单位。监理单位为E水利水电工程监理中心，负责水库工程大坝主体和水电站土建及设备安装工程监理。

### （二）事故情况

2017年6月1日上午10时40分左右，某水利枢纽工程的二期工程溢流坝段第十一号闸墩模板拆卸过程中发生一起高处坠落事故，造成1人死亡，直接经济损失约140万元。

### （三）责任认定及处理情况

C水工混凝土模板施工有限公司未依法履行安全生产主体责任，对事故发生负主要责任，处35万元罚款。

B水利水电工程有限公司企业安全生产主体责任落实不到位，对职工安全培训教育不到位、对劳务分包单位的安全管理不到位，对现场作业人员违章作业行为未及时发现和制止，对现场无安全防护措施未进行有效的管控，对事故发生负有责任，处25万元罚款。

E水利水电工程监理中心监理责任落实不到位，对职工安全培训教育及现场安全管理监督检查不到位，对施工现场无安全防护措施未进行有效的监督管理，对事故发生负有责任，处20万元罚款。

共处理8名事故责任人员，其中C公司总经理和项目负责人、B公司项目部经理、E监理中心项目总监4名事故责任人员受到行政处罚。

## 二、事故原因

事故直接原因为高处作业人员没按要求配置安全绳；钢丝绳吊索绳套编结接头长度不符合标准规定，在拆除、起吊模板过程中，两根钢丝绳吊索端部绳套编结接头均失效（抽开），致使站在模板桁架内的作业人员及模板坠落地面。

事故发生的地点无任何安全防护设施是导致此次事故的间接原因。

## 三、存在的主要问题

### （一）C水工混凝土模板施工有限公司

1. 作业人员违反操作规程、违章作业。在拆除模板作业中，一是没有对作业人员设置可以站立的相对稳固的操作平台，作业人员站在不平稳牢固的正拆除的模板桁架内，难以保持自身平衡；二是高处作业人员没按要求配置安全绳，并将安全带挂在高处牢固的地方；三是作业人员在没有拆除另一端可调连接杆的情况下，指挥起吊模板，致使两根吊索端部的编接接头牵引过力先后失效抽开，导致事故发生。

不符合SL 401—2007《水利水电工程施工作业人员安全操作规程》第8.1.11条、SL 399—2007《水利水电工程土建施工安全技术规程》第6.2.1条的规定。

**【法规标准依据】**

SL 401—2007《水利水电工程施工作业人员安全操作规程》

8.1.11　拆除作业人员应站在平稳牢固的地方，保持自身平衡，不应猛撬。

SL 399—2007《水利水电工程土建施工安全技术规程》

6.2.1 模板施工作业时应遵守下列规定：

11 拆除模板时严禁作业人员站在正拆除的模板上。

2. 用于拆装“十一号闸墩”模板的钢丝绳吊索为该项目部自行编制，端部编结接头不符合规定要求。经查，模板施工工程安全员在拆模板过程中没有深入施工现场进行安全条件确认，对作业人员未正确使用安全带行为未及时发现和制止。不符合 SL 398—2007《水利水电工程施工通用安全规程》第 5.1.3 条的规定。

**【法规标准依据】**

SL 398—2007《水利水电工程施工通用安全规程》

5.1.3 高处临边、临空作业应设置安全网，安全网距工作面的最大高度不应超过 3.0m，水平投影宽度不应小于 2.0m，安全网挂设牢固，随工作面升高而升高。

3. 施工现场无安全防护设施。事故发生的地点无任何安全防护设施是导致此次事故的间接原因。不符合 SL 398—2007《水利水电工程施工通用安全规程》第 5.1.3 条的规定。

**【法规标准依据】**

SL 398—2007《水利水电工程施工通用安全规程》

5.1.3 高处临边、临空作业应设置安全网，安全网距工作面的最大高度不应超过 3.0m，水平投影宽度不应小于 2.0m，安全网挂设牢固，随工作面升高而升高。

4. 对工人安全教育培训不到位，未教育和督促工人严格执行岗位安全操作规程，导致工人安全意识淡薄，对其工作岗位存在的危险因素缺乏足够的认识，对违章作业的危险性认识不足，自我防范意识不强，以致没有采取有效的预防措施，对事故负主要责任。

**（二）B水利水电工程有限公司项目部**

B水利水电工程有限公司项目部未尽到安全管理职责，对劳务分包单位的安全检查不及时，隐患排查不力，对作业现场无安全防护措施未能及时发现，未及时制止工人的违章作业行为。对工人安全教育培训不到位，未教育和督促工人严格执行岗位安全操作规程，导致工人安全意识淡薄，对其工作岗位存在的危险因素缺乏足够的认识，对违章作业的危险性认识不足，自我防范意识不强，未采取有效预防措施，对事故负重要责任。

**（三）E水利水电工程监理中心**

E水利水电工程监理中心的现场机构E水利水电工程监理中心某工程监理部，未严格执行SL 288—2014《水利工程施工监理规范》第3.2.2条和第6.5.5条的规定，未认真履行安全监理职责，对作业现场无安全防护措施未能及时发现，对工人的违章作业行为未能及时发现并制止。工程监理部对安全教育工作督导落实不到位，对作业现场安全管理不到位，对安全管理制度落实不到位，对事故负有重要责任。

**【法规标准依据】**

SL 288—2014《水利工程施工监理规范》

3.2.2 监理机构的基本职责与权限应包括下列各项：

……

5 监督、检查现场施工安全，发现安全隐患及时要求承包人整改或暂停施工。

6.5.5 施工过程中监理机构的施工安全监理应包括下列内容：

1 督促承包人对作业人员进行安全交底，监督承包人按照批准的施工方案组织施工，检查承包人安全技术措施的落实情况，及时制止违规施工作业。

**（四）A工程建设管理局**

A工程建设管理局的安全管理人员对C水工混凝土模板施工有限公司、B水利水电工程有限公司项目部从业人员安全教育培训监督不到位，对E水利水电工程监理中心某工程监理部履行监理职责监督不到位，且对现场作业疏于管理，缺少有效监督，对作业现场无安全防护措施问题未能及时发现。

## 四、相关启示

模板拆除过程中，施工人员违规操作是本次事故的直接原因，由于施工人员的无知无畏导致了自身伤害和工程损失，过程简单，教训深刻。模板施工公司作为混凝土模板施工的专业队伍，只重视模板搭设和使用安全，忽视模板拆除安全操作，暴露出模板施工单位在人员培训和监管上存在较大漏洞。施工承包单位忽视对专业分包队伍的安全监管是事故的间接原因。施工单位存在以包代管，甚至是包而不管，未履行施工安全总负责的责任，该项目模板工程属于水利水电工程建设的危大工程，施工单位应制定专项施工方案报监理单位和项目法人审批，并由项目法人和监理单位监督实施，但是拆除施工中存在明显违规操作项目法人和监理单位却未发现和制止，存在监管失职行为。

作业人员违规操作、模板施工单位钢丝绳吊索接头不规范、施工现场无安全防护设施、监理单位失职一系列原因导致了最终悲剧的发生，看似偶然实则必然。参建单位对于施工安全工作的漠视，对于按规定组织施工的漠视就是安全事故发生的必然因素。安全管理工作容不得半点马虎，更无小事。唯有认真吸取教训，切实提升安全意识，切实严格按章办事，切实做好各项安全防护措施，才是确保事故不再发生的真正有效措施。

1. 作业人员应当敬畏生命，敬畏规则，严格操作规程、按章作业。在拆除模板作业中，确保对作业人员设置可以站立的相对稳固的操作平台。

2. 高处作业人员必须按规定配置安全带，并将安全带挂在高处牢固的地方；安全带就是救命带，也是生命带；严禁未配置安全带、未系牢安全带的高处作业人员进行施工。

3. 按模板拆除的顺序进行拆除作业，严禁在模板连接装置没有拆除的情况下，野蛮起吊，导致吊索失效。

4. 对自行编制的钢丝绳吊索进行严格检查，确保吊索端部编结接头符合相关规定。

5. 监理人员应当督促施工单位制定专项施工方案，监督施工单位按批准的方案搭设和拆除模板；发现违规行为及时书面制止，必要时签发停工指令，杜绝安全事故发生。

6. 高处作业按规范要求设置安全防护设施，为安全工作增加一份保障，给生命多一份保险。

7. 加强作业人员安全教育培训，严格按规范要求进行安全技术交底。作业人员未进行安全教育培训，未进行安全技术交底的不得从事相关工作。

# 【案例6】 某大型排涝泵站更新改造工程新建进水池导流墩倾倒事故

## 一、基本情况

### （一）水库概况

该大型排涝泵站总装机 10×1600kW，设计排水流量 200m³/s，为Ⅰ等大（1）型工程。泵站更新改造工程主要内容包括更新 10 台套主机组及辅助设备，新建副厂房、整治出水流道、进出口翼墙，新建站前拦污栅桥、进水池导流墩等。

1. 导流墩设计情况

在初步设计阶段，初设单位提出在进水池设置导流墩以改善进水流态，该方案于 2006 年 11 月经省发展改革委、省水利厅审查通过，并要求初设单位进行水工模型实验确定具体布置。在技施设计阶段，技施设计单位采用了初设单位的水工模型实验成果，并将导流墩与主泵房相连的初设方案调整为前移 25m 并与主泵房分开的方案，同时将 4 个导流墩改为 2 个导流墩，尺寸也做了相应调整。

2. 导流墩施工情况

2009 年 2 月 5 日，施工单位在完成相关准备工作后，开始导流墩基础开挖。2 月 18 日浇筑墩体底板垫层，3 月 2 日开始浇筑 1 号墩底板（1 仓浇筑），3 月 5 日开始浇筑 2 号墩底板（1 仓浇筑）。3 月 10 日开始浇筑右侧 2 号墩体（分 2 块共 6 仓），3 月 23 日下午 5 点左右 2 号墩的前墩体浇筑至顶部高程，后墩体尚欠 1.5m 即可浇筑至顶部高程。左侧 1 号墩体（分 2 块共 6 仓）此时已浇筑至顶部高程。

### （二）事故情况

1. 事故发生经过

2009 年 3 月 24 日 8 时左右，施工单位开始拆除右侧 2 号导流墩前墩体模板。9时10分，前墩体突然发生整体倾倒，现场7名施工人员中除1人被倾倒的墩体压住，另外6人从高12m的脚手架上被甩出。15时30分，2号导流墩后墩体倒塌。2号墩体倒塌后，施工人员发现1号墩体也发生整体倾斜并呈持续扩大趋势。

2. 事故处理

事故发生后，省级水行政主管部门高度重视，迅速成立调查组，调查组通过查看现场、查阅资料、分组座谈和个别座谈，形成了事故调查报告，认为新建进水池导流墩倾倒事故是一起因设计质量缺陷和管理漏洞引起的安全事故。

事后，设计单位通过补充地质勘探工作，进一步查明地质条件后，提出将原设计的进水池导流墩条形基础变更为灌注桩基础。项目法人单位按变更后的方案组织实施并通过了验收。

## 二、事故原因

1. 地质情况不明是造成此次事故的根本原因。技施设计单位在对新建进水池导流墩地质条件未做勘探、地质情况不明的情况下，仅凭经验采用临近地质钻孔资料进行技施设计，导致导流墩建在软弱基础上产生不均匀沉降，最后导致导流墩倾倒事故。

2. 参建人员履责不到位、业务不精、经验不足是此次事故的直接原因。技施设计人员不尽责，未在导流墩施工图纸上标注对基础的要求，图纸会审时，监理单位、施工单位的人员均未提出任何异议。导流墩开挖至建基面时，参建各方未按要求开展地基验槽，且施工单位、技施设计单位、监理单位、项目法人单位的人员均未正确判明基础情况，而是盲目签字同意施工单位实施下道工序施工。

3. 参建单位的系列失职行为是事故的重要原因之一。技施设计单位在得知新建进水池翼墙（为主要建筑物）地质条件发生变化后，2009年3月5日起草了设计更改通知单（导流墩底板此时已浇筑），在该变更通知中除要求对进水池第2、3节翼墙增设桩基础外，还要求“导流墩基础开挖后，基础回填采用M7.5浆砌石回填，要求开挖至基岩面”，但3月17日才托人转交给项目法人单位。3月18日，项目法人单位在收到该变更通知后（导流墩墩体混凝土此时已浇筑大半），将其转发给监理单位，监理单位当日转发给段施工单位。但该变更通知并未引起项目法人、监理单位、施工单位的足够重视，加之技施设计单位未跟进督办，现场既没有停工也没有采取任何补救措施，最终导致事故的发生。

## 三、存在的主要问题

在本次事故中，技施设计单位承担主要责任，监理单位、施工单位、项目法人单位承担次要责任。同时，根据初步设计合同中的有关内容，初设单位作为设计方之一，应向项目法人单位提供技施阶段的设计成果，但工程开工直至事故发生，初设单位未向项目法人提供任何设计服务，也负有一定的责任。

### （一）设计单位

1. 地质勘探工作深度不够。技施设计单位进行新建进水池导流墩技施设计时，未做勘探仅凭经验采用临近地质钻孔的资料，导致导流墩建在软弱基础上产生不均匀沉降致使最后倒塌。技施设计单位未提供准确的进水池导流墩工程勘察成果，未依据国家规定的勘察深度要求编制勘察文件，不符合《建设工程质量管理条例》（2000 年国务院令第 279 号发布，2019 年国务院令第 714 号修改）第二十条的规定。

2. 现场设代失职。技施设计单位得知邻近建筑物地质条件发生变化后，起草了设计更改通知单，对进水池导流墩基础也提出了新的处理方案，但 10 多天后才托人转交给项目法人单位，同时，在导流墩墩体混凝土已浇筑大半的情况下，技施设计单位未跟进督办，现场既没有停工也没有采取任何补救措施，最终导致事故的发生。技施设计单位未及时解决施工中出现的勘察问题，不符合《建设工程勘察设计管理条例》（2000 年国务院令第 293 号发布，2015 年国务院令第 662 号、2017 年国务院令第 687 号修改）第二十五条和第三十条的规定。

**【法规标准依据】**

《建设工程质量管理条例》（2000 年国务院令第 279 号发布，2019 年国务院令第 714 号修改）

第二十条，勘察单位提供的地质、测量、水文等勘察成果必须真实、准确。

《建设工程勘察设计管理条例》（2000 年国务院令第 293 号发布，2015 年国务院令第 662 号、2017 年国务院令第 687 号修改）

第二十五条　编制建设工程勘察、设计文件，应当以下列规定为依据：

（一）项目批准文件；

（二）城乡规划；

（三）工程建设强制性标准；

（四）国家规定的建设工程勘察、设计深度要求。

第三十条　建设工程勘察、设计单位应当在建设工程施工前，向施工单位和监理单位说明建设工程勘察、设计意图，解释建设工程勘察、设计文件。

建设工程勘察、设计单位应当及时解决施工中出现的勘察、设计问题。

### （二）监理单位

监理单位未按要求组织开展地基验槽，对发现的问题未及时纠正、报告，设计交底流于形式。导流墩的地基开挖按现行规程规范未作为重要隐蔽单元工程进行划分，但导流墩作为次要建筑物，当开挖至建基面时，在技施设计单位地质工程师及设计人员未到现场对建基面地质情况进行判断、现场亦无地质专业监理人员的情况下，现场监理工程师签字同意实施下道工序施工，地基验槽走过场。监理单位在收到进水池导流墩基础处理的设计更改通知单后，未对导流墩墩体混凝土已浇筑大半的问题及时要求施工单位暂时停止施工并报告项目法人单位采取补救措施，最终导致事故发生。同时，监理单位未按要求开展施工图纸核查工作，对导流墩施工图纸上未标注对基础的要求，未提出任何异议。以上行为不符合《水利工程质量管理规定》（1997 年水利部令第 7 号发布，2017 年水利部令第 49 号修改）第二十二条、第二十三条和《水利工程建设监理规定》（2006 年水利部令第 28 号发布，2017 年水利部令第 49 号修改）第十四条、第十五条、第十八条的规定。

**【法规标准依据】**

《水利工程质量管理规定》（1997 年水利部令第 7 号发布，2017 年水利部令第 49 号修改）

第二十二条　监理单位根据所承担的监理任务向水利工程施工现场派出相应的监理机构，人员配备必须满足项目要求。监理工程师应当持证上岗。

第二十三条　监理单位应根据监理合同参与招标工作，从保证工程质量全面履行工程承建合同出发，签发施工图纸；审查施工单位的施工组织设计和技术措施；指导监督合同中有关质量标准、要求的实施；参加工程质量检查、工程质量事故调查处理和工程验收工作。

《水利工程建设监理规定》（2006 年水利部令第 28 号发布，2017 年水利部令第 49 号修改）

第十四条　监理单位应当按照监理合同，组织设计单位等进行现场设计交底，核查并签发施工图。未经总监理工程师签字的施工图不得用于施工。

监理单位不得修改工程设计文件。

第十五条　监理单位应当按照监理规范的要求，采取旁站、巡视、跟踪检测和平行检测等方式实施监理，发现问题应当及时纠正、报告。

第十八条　监理单位应当审查被监理单位提出的安全技术措施、专项施工方案和环境保护措施是否符合工程建设强制性标准和环境保护要求，并监督实施。

监理单位在实施监理过程中，发现存在安全事故隐患的，应当要求被监理单位整改；情况严重的，应当要求被监理单位暂时停止施工，并及时报告项目法人。被监理单位拒不整改或者不停止施工的，监理单位应当及时向有关水行政主管部门或者流域管理机构报告。

## (三) 施工单位

施工单位未按要求开展地基验槽，施工人员工作失职、业务不精、缺乏经验。施工单位参加设计交底时，对进水池导流墩施工图纸上未标注对基础的要求，未提出任何异议。导流墩基础开挖隐蔽工程隐蔽前，施工单位未按规定通知工程质量监督机构，在设计单位地质工程师及设计人员未到现场对建基面地质情况进行判断、现场亦无地质专业监理人员的情况下，盲目按照现场监理要求实施下道工序施工。在收到进水池导流墩基础处理的设计更改通知单后未及时停工整改。以上行为不符合《建设工程质量管理条例》(2000 年国务院令第 279 号发布，2019 年国务院令第 714 号修改）第二十八条、第三十条和 SL 176—2007《水利水电工程施工质量检验与评定规程》第 5.3.2 条、附录 F 的规定。

**【法规标准依据】**

《建设工程质量管理条例》(2000 年国务院令第 279 号发布，2019 年国务院令第 714 号修改)

第二十八条　施工单位必须按照工程设计图纸和施工技术标准施工，不得擅自修改工程设计，不得偷工减料。

施工单位在施工过程中发现设计文件和图纸有差错的，应当及时提出意见和建议。

第三十条　施工单位必须建立、健全施工质量的检验制度，严格工序管理，作好隐蔽工程的质量检查和记录。隐蔽工程在隐蔽前，施工单位应当通知建设单位和建设工程质量监督机构。

SL 176—2007《水利水电工程施工质量检验与评定规程》

5.3.2　重要隐蔽单元工程及关键部位单元工程质量经施工单位自评合格，监理机构抽检后，由项目法人（或委托监理）、监理、设计、施工、工程运行管理（施工阶段已经有时）等单位组成联合小组，共同检查核定其质量等级并填写签证表，报质量监督机构核备。重要隐蔽单元工程（关键部位单元工程）质量核定签证表见附录 F（略）。

## （四）项目法人单位

1. 未及时制止其他参建单位现场机构的质量违规行为。项目法人单位未建立健全施工质量检查体系，并在施工中对工程质量进行检查。在收到事关导流墩基础处理的变更通知后，只是简单转给监理单位，在导流墩墩体混凝土已浇筑大半的情况下，现场既没有停工也没有采取任何补救措施，最终导致事故发生。以上行为不符合《水利工程质量管理规定》（1997 年水利部令第 7 号发布，2017 年水利部令第 49 号修改）第十七条和第十九条的规定。

2. 设计变更管理不规范。技施设计单位将进水池导流墩与主泵房相连的初设方案调整为前移 25m 并与主泵房分开的方案，同时将 4 个导流墩改为 2 个导流墩，尺寸也做了相应调整。项目法人单位未按照水利部《水利工程设计变更管理暂行办法》（水规计〔2012〕93 号）第八条第（二）款、第十五条（此项法规已于 2020 年 12 月废止，最新法规要求：《水利工程设计变更管理暂行办法》（水规计〔2020〕283 号）第八条第（三）款、第十六条）、省级水行政主管部门关于大型排涝泵站更新改造工程设计变更有关规定的规定权限、条件和程序审查、报批工程设计变更文件，且组织实施了变更后的导流墩。

**【法规标准依据】**

《水利工程质量管理规定》（1997 年水利部令第 7 号发布，2017 年水利部令第 49 号修改）

第十七条　项目法人（建设单位）要加强工程质量管理，建立健全施工质量检查体系，根据工程特点建立质量管理机构和质量管理制度。

第十九条　项目法人（建设单位）应组织设计和施工单位进行设计交底；施工中应对工程质量进行检查……

《水利工程设计变更管理暂行办法》（水规计〔2012〕93 号）

第八条　以下设计内容发生变化而引起的工程设计变更为重大设计变更：

……

（二）总体布局、工程布置及主要建筑物

……

2. 工程布置、主要建筑物型式的变化；

3. 主要水工建筑物基础处理方案、消能防冲方案的变化；

……

现行法规：《水利工程设计变更管理暂行办法》（水规计〔2020〕283 号）

第八条　重大设计变更是指工程建设过程中，对初步设计批复的有关建设任务和内容进行调整，导致工程任务、规模、工程等级及设计标准发生变化，工程总体布置方案、主要建筑物布置及结构型式、重要机电与金属结构设备、施工组织设计方案等发生重大变化，对工程质量、安全、工期、投资、效益、环境和运行管理等产生重大影响的设计变更。主要包括以下方面：

……

（三）工程布置及建筑物

……

2. 电站、泵站工程

……

(3) 电（泵）站主要建筑物型式、基础处理方案的重大变化；

第十六条　工程设计变更审批采用分级管理制度。重大设计变更文件，由项目法人按原报审程序报原初步设计审批部门审批。

## 四、相关启示

勘察设计深度不够，随意变更已审批初步设计是本次事故的直接原因。《水利工程设计变更管理暂行办法》［水规计〔2012〕93 号，此项法规已于 2020 年 12 月废止，最新法规要求：《水利工程设计变更管理暂行办法》（水规计〔2020〕283 号）］明确规定“工程布置、主要建筑物型式的变化”属重大设计变更，需经原审查单位审批。为节省经济和时间成本，技施设计单位主观认为可以借用临近钻孔勘察成果，重大设计变更未按要求由原审查单位审批即投入使用，是典型的违背工程建设规律导致的事故。监理单位没有严格按照《水利工程建设监理规定》（2006 年水利部令第 28 号发布，2017 年水利部令第 49 号修改）和 SL 288—2014《水利工程施工监理规范》的要求，对设计单位提供的施工图进行审查，组织验基验槽和隐蔽工程验收。项目法人单位和监理单位对设计单位提交的处理措施未及时分析研判和处理，间接导致了工程建设中质量安全事故。

当前工程建设，前期设计工作深度不够，造成设计与工程现场不符，由此带来的设计变更、工程造价增加、工期延长等问题，已成为工程建设的顽疾之一。“按图施工”是工程建设的基本准则之一，但是如果图纸未按照工程实际情况设计，尤其是未按照实际地勘情况设计，那“按图施工”带来的就是工程的“灾难”。参建各方，尤其是设计单位，必须不断增强责任意识，本着对工程负责的态度，持续增加设计前期工作深度，切实掌握工程现场实际情况，切不可坐在电脑前想当然，甚至直接“拿来主义”照搬照抄。

# 【案例7】 某新建水库工程堆石坝填筑料不合格质量事故

## 一、基本情况

### （一）水库概况

某新建水库工程，由大坝、溢洪道和输水系统等建筑物组成，水库总库容1440万$m^3$，水库工程为Ⅲ等中型工程。大坝为面板堆石坝，坝顶高程605.60m，防浪墙顶高程606.80m，趾板处建基面最低高程522.00m，最大坝高84.6m，大坝提高一级按2级建筑物设计，溢洪道、输水系统等按3级设计。大坝洪水标准按50年一遇洪水设计，堆石坝按1000年一遇洪水校核，地震设防烈度为Ⅵ度。

坝体从上游至下游依次为：盖重区、上游铺盖区、混凝土面板、垫层区、特殊垫层区、过渡区、上游堆石区、下游堆石区一级超径石回填区等。混凝土面板采用厚60～30cm的C25钢筋混凝土结构，坝体填筑材料为白云质灰岩。

### （二）事故情况

1. 问题发现及处理

质量监督机构在监督检查时发现，某新建水库工程堆石坝填料不满足设计要求。检查发现问题后，及时要求大坝暂停施工处理，针对坝体填料进行复核、论证。初期参建单位并未停止施工，强行填筑至高程560.1m。水行政主管部门发现后再次要求大坝停止施工，并给予施工、监理、设计等相关参建单位不良行为记录，项目法人相关责任人给予行政处分。

2. 整改情况及损失

项目法人委托专业机构复核了大坝渗流问题和坝体稳定，在复核基础上编制了设计变更报告，水行政主管部门在设计变更审批后同意复工。

主要措施为下游坝体坡比变更为1∶1.5，高程560.1～562.1m增设水平排水区，垫层料采用开槽灌砂增加细颗粒含量，已填筑部分增设竖向排水井等。

该水库由于坝体填料和其他地质问题，致使直接投资增加近1500万元，不仅造成工期延误2年，没有早日实现城市供水，还需要从其他地方引水解决燃眉之急，教训深刻。

**（三）责任认定及处理情况**

给予项目法人、设计单位、施工单位、监理单位、检测单位通报批评。给予项目法人负责人，施工单位项目经理、技术负责人和质量负责人，总监理工程师和检测员通报批评，分别记录不良行为一次。

## 二、存在的主要问题

质量监督机构检查时，大坝填筑已填筑至高程547.7m，发现填料不满足设计要求，导致坝体渗透系数上游大下游小，主要问题如下。

1. 垫层料不合格

颗粒含量施工自检58组，24组满足设计要求，但实测级配曲线高于设计级配曲线的上包线；不合格的34组中，粒径小于等于5mm的颗粒含量最小值仅为17.5%（设计要求为35%～55%）。渗透系数施工单位自检12组，其中9组为$2.4\times10^{-2}\sim5.1\times10^{-2}$cm/s（设计要求为$1\times10^{-3}\sim1\times10^{-4}$cm/s，见图7-1），现场存在超径集中现象（见图7-2），部分粒径达200mm（设计要求小于等于80mm）。

2. 过渡料不合格

颗粒含量施工自检49组，其中17组满足设计要求，但实测级配曲线超出设计级配曲线；不合格的32组中，0.075mm细颗粒含量均大于设计要求，最大值为9%（设计要求为小于等于5%）。

监理单位平行检测4组，其中1组渗透系数为$4.2\times10^{-4}$cm/s（设计要求为$1\times10^{-2}\sim1\times10^{-3}$cm/s）。

3. 主、次堆石区不合格

主、次堆石细颗粒含量施工自检各检测了19组，全部不满足设计要求，粒径小于等于5mm和0.075mm细颗粒含量远大于设计要求；渗透

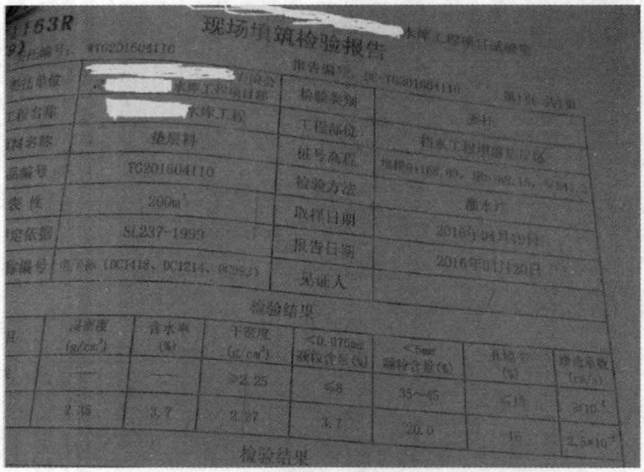


图 7－1　垫层料检测渗透系数不满足设计要求

图 7－2　垫层料超径且集中（设计要求小于等于 80mm）

系数施工自检 6 组，其中 4 组不满足设计及规范要求，渗透系数为 $2.3\times10^{-3}\sim5.6\times10^{-3}$cm/s（设计要求为 $1\times10^{-1}\sim1\times10^{-2}$cm/s）。

监理单位平行检测 5 组，其中 3 组细颗粒含量和孔隙率不合格，细颗粒含量和孔隙率，平行检测渗透系数为 $4.2\times10^{-4}$cm/s。查看现场时发现，堆石区填筑料为软岩，经碾压后形成板结层（见图 7－3），尝试倒水在施工面上，无法下渗排除（设计要求满足自由排水，见图 7－4 和图 7－5）。

图 7-3 主堆石区碾压后形成板结层

图 7-4 主堆石区排水不畅

图 7-5 堆石区料场为软硬岩夹层（设计阶段勘察为硬岩料）

以上填筑质量均达不到SL 228—2013《混凝土面板堆石坝设计规范》第3.2.1条、第4.1.9条和设计文件的规定，不符合《建设工程质量管理条例》（2000年国务院令第279号发布，2019年国务院令第714号修改）第二十八条的规定。

**【法规标准依据】**

SL 228—2013《混凝土面板堆石坝设计规范》

3.2.1　坝体应根据料源及对坝料强度、渗透性、压缩性、施工方便和经济合理等要求进行分区，并相应确定填筑标准。从上游向下游宜分为垫层区、过渡区、主堆石区、下游堆石区；宜在周边缝下游侧设置特殊垫层区；100m以上高坝，宜在面板上游面低部位设置上游铺盖区及盖重区。

各区坝料的渗透性宜从上游向下游增大，并应满足水力过渡要求。下游干燥区的坝料可不受此限制。

4.1.9　垫层料应具有连续级配，最大粒径为80～100mm，粒径小于5mm的颗粒含量宜为35%～55%，小于0.075mm的颗粒含量宜为4%～8%。压实后应具有内部渗透稳定性、低压缩性、高抗剪强度，并具有良好的施工特性。

垫层料可采用经筛选加工的砂砾石、人工砂石料或其掺配料。人工砂石料应采用坚硬和抗风化能力强的岩石加工。

在严寒和寒冷地区或抽水蓄能电站，垫层料应满足排水性能要求。

《建设工程质量管理条例》（2000年国务院令第279号发布，2019年国务院令第714号修改）

第二十八条　施工单位必须按照工程设计图纸和施工技术标准施工，不得擅自修改工程设计，不得偷工减料。

## 三、原因分析

1. 设计单位工作不到位，勘察深度不够

初步设计时，垫层料和过渡料拟采用河床砂卵石层，由于该工程位于自然风景区内，实际开采河床砂卵石会破坏河道原始景观，地方政府不予批准，而且山区河道狭窄开采难度大。主次堆石区拟采用大坝下游左侧山体开采的石料，认为该处“白云质灰岩，岩性坚硬，储量、质量均能满足要求”，实际开采后发现为软硬岩夹层，主、次堆石区经过碾压后细颗粒普遍超标，形成泥状板结层，无法满足自由排水需求。

2. 参建单位未能认真履行质量管理职责，层层关卡失守

大坝在填筑过程中，通过施工自检和监理平检报告已经反映出填筑料不满足设计要求，甚至现场肉眼可见堆石区透水性较差。但参建单位为了赶工期，未采取有效措施改善填筑料或进行论证、变更，也未上报项目主管部门和质量监督机构，施工单位在明知填筑料不合格的情况下仍继续施工；监理单位根据检测结果下发了整改通知但未督促施工单位整改，现场既没有停工也没有采取任何补救措施，最终导致质量事故的发生，监理职能形同虚设；设计单位虽增设了排水盲沟，但未专门论证分析和变更该填料是否能够用于坝体填筑；项目法人对建设程序知之甚少，过度追求形象进度，忽视了质量管理。

## 四、相关启示

工程建设前期和建设过程中，往往会出现项目法人或其他单位违背工程建设规律干涉勘察设计和施工过程，变更的施工方案未按规定进行审批即使用，最终导致事故的发生。本案例即是项目法人人为干预勘察设计过程，导致勘察与设计脱节，勘察结论不能指导设计与施工的典型案例。施工单位拒不执行质量监督单位下达的停工整改指令，项目法人和监理单位对顶风施工行为漠视甚至纵容，使得质量问题影响扩大，导致财产损失、相关人员被追责，教训深刻。

1. 工程勘察深度直接影响着设计深度及工程的建设成本，因主要材料的料源变更，属于重大设计变更，本工程采用坝体排水的设计变更的方式规避了料场变更，为质量事故埋下隐患。

2. 对现场不满足规范和设计要求的施工行为，监理应主动进行协调，而不应等质量监督机构出面制止不符合规范和设计要求的行为。

# 【案例8】 某水电站工程引水隧洞充水事故

## 一、基本情况

### （一）工程概况

水库正常高蓄水位为635.0m，校核洪水位636.58m，总库容2939.0万$m^3$。电站总装机容量40MW，工程等别为Ⅲ等中型工程。大坝为碾压混凝土双曲拱坝，坝顶高程637.70m，最大坝高130.7m，大坝表孔布置在碾压混凝土坝中部，共3孔，每孔净宽10.0m×7.0m（宽×高），堰顶高程628.0m，消能方式为挑流鼻坎消能。

发电引水系统包括进水口、引水隧洞、调压井和压力钢管等，进水洞口底板高程588.0m，隧洞上平段和下平段均为圆形断面，衬砌后内径为3.20m，上下平段用高183.0m的竖井连接。调压井为圆筒式结构，布置在厂房后山坡高程上，内径10.0m，高度为74.0m，发电引水隧洞总长5.60km，发电水头242m。

### （二）事故经过及处理

1.事故经过

2016年10月30日，某水电站工程引水隧洞充水时发生事故。

10：00，引水隧洞进行通水，进口检修闸门开度5cm。

10：30，检查人员发现2号机组蝶阀关闭不严，关闭隧洞进水口事故检修闸门停止充水。

13：30，2号机组蝶阀缺陷处理完毕重新开启进水口事故检修闸门5cm开始第二次充水。

14：00将闸门开度增大到10cm，14：30关闭进水口事故检修闸门停止充水。

14：30，从调压井顶部观察水位到达调压井底板，高程为576.38m，厂房压力钢管压力表计显示压力值为1.8MPa。

14：51，检查人员发现3号支洞靠压力钢管侧洞壁有渗水情况，随后每20min进洞检查一次，发现洞壁渗水不断增大。

16：05，发现3号支洞多处大量漏水，洞内严重积水。为保证安全，项目部决定停止进洞检查，并立即启动应急预案，进行排水操作。

16：25，打开1号、2号机组技术供水排空阀开始放水。16：50，打开2号机组蝶阀及蜗壳放空阀排水。

17：09，检查人员发现厂房后边坡出线铁塔周边大量冒水，铁塔外侧边坡开始塌方、开裂，铁塔两个地脚出现下沉并轻微倾斜。

17：20，通知厂房内所有工作人员撤出现场，同时通知上游冲沟内7户18名村民撤离至安全地带。

17：55，打开厂房内1号蝶阀平压阀及蜗壳放空阀加大排水。

18：00，检查发现厂房后方边坡及道路多处裂缝，且路面裂缝不断增多、加大。厂房内不断传出爆裂、撞击异响，厂房上部结构部分遭到破坏。

20：30，下平洞充水基本放空，山体逐渐停止冒水，厂房趋于平静，事故未进一步发展。

2. 事故处理

事故后，设计单位根据引水隧洞下平洞、电站厂房边坡和厂房建筑物钢筋混凝土结构变形破损情况，提出将引水隧洞下平洞2.4m洞径钢衬按明管设计并外包自密实混凝土，其他钢筋混凝土衬砌段增加固结灌浆，拆除重建主副厂房及GIS楼上部结构并进行主机段混凝土固结灌浆，后山坡采用抗滑桩等加固方案，省级水行政主管部门批复了此项设计变更方案。目前，项目法人单位已按加固方案组织实施并通过了验收。

**（三）责任认定及处理情况**

对设计单位、施工单位、监理单位、项目法人给予通报批评，并分别处以5万元、3万元、2万元、2万元罚款，责令立即整改，并提交整改报告。

## 二、事故原因

经过现场调查，并查阅设计、监理、施工单位提交的各类资料，根据事故发生过程和现场检查情况，对此次事故发生原因分析如下。

### （一）项目设计深度不够

1. 压力钢管起点距离厂房上游墙 40.35m，钢管起始段山体围岩厚度 32m。根据 SL 281—2003《水电站压力钢管设计规范》第 3.3.5 条的规定以及条文说明，钢管的起始位根据挪威经验准则计算点的围岩覆盖厚度需满足公式 $H_d > \frac{P}{\gamma\cos\alpha}$，按最大内水压力 $P=293.39$m 计算压力钢管起始段的围岩覆盖厚度 $H_d$ 至少需要约 117m。由于钢管起始段围岩盖重不够，高压水内水外渗易引起山体水力劈裂。

2. 根据 DL/T 5195—2004《水工隧洞设计规范》第 11.4.4 条规定隧洞与钢管连接处不应分缝，应有不少于 1m 的搭接长度。引水隧洞下平段混凝土衬砌与压力钢管结合处设置结构缝并分仓浇筑混凝土，结构形成受力薄弱面，易形成高压水外渗通道，抵御不确定不利因素的能力不足。且初步设计批复的压力钢管长度 72m，技施阶段变更为 42m。这是事故发生的主要原因之一。

3. 厂房后山坡属缓倾层状反向结构岩质边坡，在自然条件下整体处于稳定状态，但由于厂房后山体存在 3 组陡斜角的节理裂隙和微倾向山体的缓倾角软弱面，使岩石不甚完整，形成“簸箕”形体。10 月 27—30 日山体薄弱岩体节理裂隙面遭遇连续大雨的浸泡，饱和并形成较高的水压，山体稳定处于极限平衡状态。

当隧洞内存在高压水内水外渗时，外渗水沿着岩体这些薄弱的节理裂隙和缓倾角软弱结构面渗漏并产生较大的面压力，形成水力劈裂，山体失稳滑移，推动厂房混凝土结构和压力钢管位移，造成事故发生。

根据调查分析与计算复核显示：连续暴雨使山体岩体节理裂隙和微倾向山体的缓倾角软弱结构面雨水浸泡饱和，岩土力学参数降低，使原本稳定处于极限平衡状态的边坡，受到外力的干扰即失去稳定，发生滑移，推动厂房结构变形。连续暴雨加上特殊的地质条件是造成事故的次要原因。

**（二）通水试验操作不规范**

引水隧洞和压力管道充水试验应分段按步有序进行，且各阶段间应有分段稳压停留过程。根据现场调查，本次充水试验基本一次性充水到180m的水头，造成建筑物结构一次性承受较大荷载。

**（三）局部存在施工缺陷**

检查发现，施工质量缺陷如结构缝止水制安缺陷、局部混凝土浇筑缺陷、施工冷缝、回填和灌浆孔封堵不密实等，可能在高压内水的作用下易被击穿，造成内水外渗。下平段钢筋混凝土（强度等级C20）衬砌的隧洞在180m内水压力的作用下，对有质量缺陷的混凝土易产生裂缝，内水通过裂缝及混凝土缺陷部位外渗，作用在围岩上，因围岩存在节理裂隙和软弱结构面缺陷，结构面上的充填物逐渐被软化冲刷，漏水量逐渐扩大而形成恶性循环，当达到一定水压时，厂房后山坡岩体产生水力劈裂，使已经处于极限平衡状态的岩体发生滑动位移，推动厂房和高压钢管变形，使其发生破坏，造成事故。

## 三、事故责任认定

根据《水利工程质量事故处理暂行规定》（1999年水利部令第9号）和有关调查情况，对参建单位的责任认定如下。

**（一）项目法人**

项目法人单位现场质量管理不到位，对工程质量控制不严，在冲水试验时未严格按规定程序执行，操作指挥欠妥。项目法人单位承担本次事故次要责任。

**（二）设计单位**

设计单位在对压力隧洞围岩产生渗透失稳和水力劈裂的研究不够，工程采取的措施亦不能满足抵御不确定因素的要求，未认真对压力钢管起始端的围岩覆盖层进行复核，钢管与混凝土衬砌段结合处结构设计欠妥。设计单位承担本次事故主要责任。

**（三）监理单位**

监理单位现场质量监管不到位，未及时发现、制止和处理施工中发生的局部质量缺陷。监理单位承担本次事故次要责任。

**（四）施工单位**

引水隧洞和压力管道实体质量局部存在质量缺陷，通水试验操作不规范。施工单位承担本次事故主要责任。

## 四、相关启示

设计质量的优劣，直接影响工程项目的使用价值和功能，是工程质量的决定性环节。设计阶段失误所造成的质量问题，常常是施工阶段难以弥补的，甚至有可能会带来全局性整体性的影响，以致影响到整个工程质量目标的实现。

水利行业对于工程施工缺陷的处理有明确的程序和措施要求，施工单位明知隧洞施工存在大量工程缺陷未处理，仍按照无缺陷工程拟定通水试验方案并进行试验，直接扩大了事故影响范围和程度。